DIE NEUE BREHM-BÜCHEREI

661

Frühblüher

Heimische Arten im Überblick

1. Auflage

Peter Rüther

Die Neue Brehm-Bücherei Bd. 661
Westarp Wissenschaften · Hohenwarsleben · 2008

Mit 21 Abbildungen, 17 Tabellen und 14 Farbtafeln

Titelbild: Hohler Lerchensporn (*Coridalis cava)* kann eine rote oder eine weiße Blütenfarbe haben. Beide Formen kommen oft nebeneinander vor. Foto: Peter Rüther

http://www.westarp.de

Satz und Layout: Jana Raedsch
Druck und Bindung: Saaledruck, Naumburg

Vorwort

Im Februar erscheinen in unseren Gärten – oft aus dem Schnee heraus – die ersten Blüten. Schneeglöckchen und Winterling sind die allerersten Frühlingsboten. Etwas später kommen Krokusse, Märzenbecher, Narzissen und Primeln hinzu, im Wald und am Wegesrand Huflattich, Leberblümchen und weitere Arten.

Im März und April scheint es uns Menschen immer noch ziemlich kalt zu sein, und den meisten Pflanzen geht es ebenso, ihre Hauptwachstumszeit beginnt erst im Mai. Eine besondere Gruppe von Pflanzen blüht aber jetzt schon, sehr früh im Jahr. Ihre Blütezeit beginnt mit den ersten warmen Tagen im Frühjahr und endet mit der vollständigen Belaubung der Bäume im Mai. Viele dieser sog. Frühblüher schließen ihren kompletten Jahreszyklus innerhalb dieser wenigen Wochen vor der Belaubung der Bäume ab – eine besondere Erscheinung unserer mitteleuropäischen Wälder.

Die wichtigsten heimischen Frühblüher werden in diesem Buch in Wort und Bild vorgestellt. Ihr Aussehen, ihre Merkmale, ihre Lebensweise und weitere interessante Dinge werden erklärt.

Eine Erläuterung der besonderen klimatischen Verhältnisse Mitteleuropas im Vergleich zu den übrigen Regionen der Erde steht am Anfang des Buches (Kap. 1). Es wird deutlich, dass wir in Mitteleuropa vier annähernd gleich lange Jahreszeiten haben. Für dieses Klimagebiet ist der sommergrüne Laubwald die typische Pflanzenformation (Kap. 2). Die vier Jahreszeiten haben im mitteleuropäischen Laubwald einen bestimmten, immer wiederkehrenden Ablauf. Dabei hat jede Jahreszeit eigene klimatische Bedingungen (Kap. 3). Vor allem die für das Pflanzenwachstum ungünstige Jahreszeit Winter erfordert bestimmte Anpassungen. Davon ausgehend lassen sich die Pflanzenarten bestimmten Lebensformen zuordnen (Kap. 4). Auf die speziellen Lebensbedingungen der Frühblüher wird näher eingegangen (Kap. 5). Um bestimmte Details aus den Beschreibungen der einzelnen mitteleuropäischen Frühblüher (Kap. 9) besser in Zusammenhänge einordnen zu können, sind vorhergehende Erläuterungen zum Grundaufbau der Pflanzen (Kap. 6) und zu den speziellen Speicherorganen der Frühblüher erforderlich (Kap. 7). In Kap. 9 wird – soweit möglich – bei jeder vorgestellten Art auf die Bedeutung und Herleitung der botanischen und deutschen Pflanzennamen eingegangen. Auch hierzu werden Vorbemerkungen gemacht (Kap. 8). Nach der ausführlichen Vorstellung der einzelnen wild wachsenden Frühblüher (Kap. 9), die nach Pflanzenfamilien getrennt erfolgt, werden frühblühende einjährige Arten kurz vorgestellt, die aber nicht zu den Frühblühern im engeren Sinne zu zählen sind (Kap. 10). Als erste Frühlingsboten nach einem langen und kalten Winter waren viele Frühblüher schon lange beliebte Gartenpflanzen. Die wichtigsten werden aufgeführt (Kap. 11). In der Heilkunde (Kap. 12) und in der Mythologie (Kap. 13) spielten neben vielen anderen Pflanzen auch einige Frühblüher eine wichtige Rolle. Hinweise zum gesetzlichen Schutz der Arten (Kap. 14) und ergänzende und weiterführende Literatur (Kap. 15) runden die Darstellung ab.

Dieses Buch möchte den Leserinnen und Lesern helfen, den Blick für die Natur vor der eigenen Haustür zu schärfen, zu eigenen Beobachtungen anregen und sich mit den Naturphänomenen und den Pflanzenarten zu beschäftigen, denen man auf einem Spaziergang im Frühling begegnen kann.

Bielefeld, im Januar 2008 PETER RÜTHER

Inhaltsverzeichnis

1 Jahreszeiten, Klima und Vegetation in verschiedenen Gebieten der Erde

Frühblüher werden Pflanzen genannt, die bereits sehr früh im Jahr blühen und die ihre Entwicklung (d.h. Blüte, Frucht- und Samenbildung) weitgehend abgeschlossen haben, wenn das Laub der Bäume austreibt. In unseren mitteleuropäischen Laubwäldern ist damit vor allem die Rotbuche *(Fagus sylvatica)* gemeint. Es gelangt dann nicht mehr so viel Licht auf den Waldboden und die Lebensbedingungen für die frühblühenden Arten werden ungünstiger. Andere Waldpflanzen kommen mit den dunklen Verhältnissen im Waldschatten besser zurecht und können sich dann im Sommer entwickeln.

Die klimatischen Voraussetzungen sind weltweit nur an wenigen Stellen für Frühblüher günstig. Frühblüher kann es nur in Gebieten geben, die deutliche Jahreszeiten haben. Dabei dürfen die Jahreszeiten nicht auf Grund von jährlichen Schwankungen der Niederschläge entstanden sein, wie es z.B. in Gegenden mit Regenzeiten und Trockenzeiten der Fall ist. Vielmehr müssen sie durch jährliche Temperaturschwankungen geprägt sein, es muss also eine warme Jahreszeit (Sommer) und eine kalte Jahreszeit (Winter) geben. Entscheidend ist aber auch, dass es zwischen der warmen und der kalten Jahreszeit ausreichend lange Übergangszeiten gibt (Frühling und Herbst). Vor allem der Frühling muss lang genug sein, damit die Frühblüher ausreichend Zeit haben.

Diese Bedingungen findet man nicht überall auf der Welt. Daher sollen am Anfang des Buches die Klimazonen mit ihren Merkmalen und Unterschieden betrachtet werden.

Global gesehen lassen sich drei große Klimazonen unterscheiden (Schroeder 1998, Müller-hohenstein 1981, Walter & Breckle 1999): die tropische Zone in Äquatornähe, die polaren Zonen in der Nähe der Pole und die dazwischen liegenden gemäßigten Zonen (auch temperierte Zonen genannt).

1.1 Tropische Zone

In den Tropen ist das Klima im Jahreslauf sehr gleichförmig. Im Tagesverlauf dagegen sind deutliche Temperaturunterschiede erkennbar, die Schwankungen der mittleren Tagestemperatur innerhalb eines Jahres sind nur gering. Man spricht daher von einem Tageszeitenklima. Auch die Tageslänge (etwa 12 Stunden) ändert sich im Verlauf des Jahres kaum. Jahreszeiten, die wie in unseren Breiten durch Schwankungen der mittleren Tagestemperatur oder der Beleuchtungsverhältnisse gekennzeichnet sind, gibt es in den Tropen nicht – vor allem nicht in Äquatornähe.

Der Jahreslauf wird in den Tropen nicht von der Temperatur sondern von den Niederschlägen bestimmt. Unterschiedliche Jahreszeiten werden allenfalls durch den Wechsel von regenarmen und regenreichen Perioden erkennbar. Man nennt diese Jahreszeiten hygrische Jahreszeiten, im Gegensatz zu den thermischen Jahreszeiten in unseren Breiten.

Innerhalb der Tropen unterscheidet man je nach der jahreszeitlichen Verteilung der Niederschläge

- tropische immergrüne Regenwälder (immerfeucht, ohne Regen- bzw. Trockenzeiten)
- tropische regengrüne Wälder und Savannen (Trockenzeiten von 2-11 Monaten im Jahr, über 200mm Niederschlag im Jahr) und
- tropische Wüsten und Halbwüsten (weniger als 200mm Niederschlag im Jahr).

Die Tropen grenzen sich gegen die anderen Klimagebiete der Erde durch das Fehlen von Frösten ab. Zudem liegt das Monatsmittel der Temperatur immer über 10°C, was optimale Bedingungen für die Photosynthese der Pflanzen bedeutet – zumindest in Bezug auf die Temperatur.

1.2 Polarzonen

In der Nähe der Pole sind die klimatischen Verhältnisse praktisch genau umgekehrt wie in den Tropen. Tageszeitliche Temperaturunterschiede verschwinden in den höheren Polarzonen der Nord- und Südhalbkugel (Arktis und Antarktis) ganz. Die Jahresschwankungen von Temperatur und Sonneneinstrahlung sind deutlich höher als die Tagesschwankungen. Der Gegensatz von »Polartag« und »Polarnacht« mit seinen großen jahreszeitlichen Temperaturunterschieden beherrscht das Naturgeschehen. Wir haben es mit einem deutlichen Jahreszeitenklima zu tun mit zwei langen Jahreszeiten (Sommer = Polartag, Winter = Polarnacht) und extrem kurzen Übergangszeiten.

Im Winter findet keine oder nur sehr geringe Sonneneinstrahlung statt. Oberhalb der Polarkreise (d.h. ab 66,5° nördlicher bzw. südlicher Breite) ist die Sonne im Winter überhaupt nicht zu sehen. Die Temperaturen sind entsprechend niedrig. Im Sommer bleibt die Sonne für einige Monate über dem Horizont, ohne am Abend unterzugehen. Sonneneinstrahlung und Temperatur sind in dieser Zeit größer als im Winter.

Die Grenzen der Polarzonen der Erde gegen die gemäßigten Zonen sind die klimatisch bedingten Waldgrenzen. Die mangelnde Wärme während der Vegetationszeit vermindert die Photosyntheseleistung der Pflanzen derart, dass sie für den Aufbau von Bäumen nicht mehr ausreicht. Als klimatische Grenze der Polarzonen wurde schon im 19. Jahrhundert die sog. 10°-Juli-Isotherme ausgemacht, d.h. 30 Tage im Sommer mit einem Temperaturmittel von mindestens 10°C.

Die polaren Zonen der Nord- und Südhalbkugel können in drei Klimabereiche unterteilt werden. Das Innere Grönlands und der Antarktis wird von Inlandeis ohne Pflanzenbewuchs eingenommen. In den daran angrenzenden Kältewüsten ist die Sommerwärme noch so gering, dass sich keine geschlossene Vegetationsdecke bilden kann. Der wärmste Monat hat ein Temperaturmittel von weniger als 6°C. Im dritten Klimabereich, der Tundra, erlaubt ein kurzer, frostfreier Sommer trotz permanenten Frostes in tieferen Bodenschichten (Permafrostboden) eine geschlossene Vegetations- und Humusdecke, auch Moorbildung.

1.3 Gemäßigte Zonen

Zwischen der tropischen und den beiden polaren Zonen liegen auf der Nord- und auf der Südhalbkugel als Übergangsbereiche die gemäßigten Zonen mit deutlich wahrnehmbaren Übergangszeiten zwischen Sommer und Winter. Die Übergangszeiten sind hier so lang, dass sie als weitere Jahreszeiten neben Sommer und Winter aufgefasst werden können. Nur in den gemäßigten Zonen gibt es also vier Jahreszeiten. Hier nimmt das Klima, vor allem die Licht- und Temperaturverhältnisse, eine Mittelstellung zwischen den Extremen in den Tropen und an den Polen ein.

Die gemäßigte Zone kann auf der Nordhalbkugel noch weiter unterteilt werden in eine meridionale, eine nemorale und eine boreale Zone. Auf der Südhalbkugel kann keine eindeutige Unterteilung der gemäßigten Zone vorgenommen werden. Sie wird oft als australe Zone bezeichnet. Im Rahmen dieser Ausführungen soll sie nicht weiter beschrieben werden.

An dieser Stelle soll beispielhaft die gemäßigte Zone in Europa näher betrachtet werden.

Meridionale (warmgemäßigte, mediterrane) Zone

Die meridionale Zone deckt sich in Europa im Wesentlichen mit dem Verbreitungsgebiet des Ölbaums *(Olea europaea)*. Die wichtigsten Klimabedingungen sind eine längere Trockenzeit im Sommer und ein Niederschlagsmaximum im Winter. Die Jahresmitteltemperaturen liegen etwa zwischen 15 und 20°C. Eine winterliche Vegetationsruhe kommt wegen der für das Pflanzenwachstum günstigen Temperaturen kaum vor.

Das natürliche Pflanzenkleid der Mittelmeerländer wird oft als Hartlaubvegetation beschrieben. Der Begriff bezieht sich auf die Blätter der wichtigsten bestandsbildenden Baumarten in den natürlichen Wäldern, die früher den gesamten Mittelmeerraum überzogen haben. Das Waldbild hat sich aber schon sehr früh gewandelt. Schon in vorrömischer Zeit ging mit der Besiedlung eine massive Waldrodung einher. Im Laufe der letzten Jahrtausende sind etwa zwei Drittel der gesamten Waldfläche verloren gegangen. Nach dem Rückgang der natürlichen Wälder sind heute neben den landwirtschaftlichen Flächen aufgeforstete Kiefernwälder sowie Strauch- und Zwergstrauchvegetation zu finden.

Typisches Beispiel für eine Baumart mit hartlaubigen Blättern ist die Stein-Eiche *(Quercus ilex)*. Ihre harten, mit einer Wachsschicht überzogenen, immergrünen Blätter sind gut an eine sommerliche Trockenheit angepasst.

Vom lateinischen »meridies« = Mittag, Süden wird das Wort »meridionalis« = südlich hergeleitet.

Nemorale (kühlgemäßigte) Zone

Die Jahresmitteltemperaturen liegen in der nemoralen Zone etwa zwischen 8 und 12°C. Die Temperaturen variieren aber im Jahresverlauf sehr stark. Zwischen einer kühlen und einer warmen Jahreszeit liegen längere Übergangszeiten, so dass das Jahr in vier etwa gleich lange Jahreszeiten geteilt wird. Alle vier Jahreszeiten sind durch wechselnde Aspekte der Vegetation deutlich zu unterscheiden (s. Kap. 2).

Nur der Sommer ist völlig frostfrei. Im Winter treten Fröste regelmäßig auf, im Frühling und Herbst können Spät- und Frühfröste der Vegetation gefährlich werden. Ein besonderes Klimamerkmal der nemoralen Zone fehlt den äquatornäheren Zonen (z.B. der meridionalen Zone), nämlich eine bleibende, geschlossene Schneedecke, die zum normalen Wechsel der Jahreszeiten gehört. Die nemorale Zone hat ganzjährige Niederschläge, die ihr Maximum im August erreichen. Die Tageslängen schwanken über das

Jahr z.B. in Mitteleuropa zwischen etwa 8 Stunden zur Wintersonnenwende und etwa 16 Stunden zur Sommersonnenwende.

Die Baumarten der kühlgemäßigten Zone haben vergleichsweise dünne, sommergrüne Blätter. Vor der kalten Jahreszeit werfen sie ihr Laub ab, im Frühjahr bilden sie es neu. Die immergrünen, meist dicken Blätter, wie sie für die natürlichen Baumarten der meridionalen Zone typisch sind, würden bei länger anhaltenden Temperaturen unter 0°C im Winter erfrieren. Der Laubabwurf stellt also eine Anpassung an die kalten Wintertemperaturen dar. Er ist aber nur dann sinnvoll, wenn die Sommer lang genug sind, dass mit den Photosyntheseprodukten der Blätter weiteres Wachstum möglich ist und Stoffreserven für das Austreiben im nächsten Frühjahr gebildet werden können. Als Richtwert für sommergrüne Laubwälder gilt eine Vegetationszeit, d.h. Tage mit Tagesmitteltemperaturen über 10°C, von mindestens 120 Tagen.

In Europa kann die nemorale Zone in West-Ost-Richtung weiter unterteilt werden. In West- und Mitteleuropa bilden sommergrüne Laubwälder die natürliche Vegetation. Im Südosten Europas und weiter in Innerasien sind die jährlichen Niederschläge geringer als die jährliche Verdunstung. Baumwuchs ist unter diesen Bedingungen nicht mehr möglich. Der Laubwald geht hier in Steppen und teilweise in Wüstengebiete über.

»Nemoralis« bedeutet im Lateinischen waldbewohnend. Es stammt von »nemus, nemoris« = der Wald, der Hain ab.

Boreale (kaltgemäßigte) Zone

Die boreale Zone ist durch Jahresmitteltemperaturen von etwa +3°C bis -3°C gekennzeichnet. Die Vegetationszeit sinkt unter 120 Tage im Jahr, so dass Laubbäume in dieser kurzen Zeit nicht mehr genügend Stoffreserven aufbauen können. Nadelbäume bilden hier die natürliche Vegetation. In Abgrenzung zur polaren Zone kann für die boreale Zone ein Minimum von 30 Tagen Vegetationszeit und eine kalte Jahreszeit von maximal acht Monaten angenommen werden. Diese Klimabedingungen reichen für Nadelwälder aus. Gegenüber Laubwäldern haben sie den Vorteil, dass sie nicht jedes Jahr ihr Laub neu aufbauen müssen. Andererseits sind die Nadeln ausreichend gegen Erfrieren geschützt. Neben den Nadelwäldern sind großflächige Moore charakteristisch für die boreale Zone.

Im Lateinischen bedeutet »borealis« nördlich, nordisch. Abgeleitet wird das Wort von »boreas« = kalter Nordwind.

Nach der vorherrschenden natürlichen Vegetation nennt man die boreale Zone auch die Zone der borealen Nadelwälder (mit Birke, Fichte und Kiefer), die nemorale Zone wird als Zone der sommergrünen Laubwälder (mit der Rotbuche als vorherrschender Baumart) bezeichnet und die meridionale Zone als Zone der mediterranen Hartlaubvegetation. Im Südosten Europas wird oft noch eine Steppenzone als arider Teil der nemoralen Zone unterschieden.

Die europäischen Klima- und Vegetationszonen hängen mehr oder weniger stark mit den großen Klimazonen der eurasischen Landmasse zusammen. Die arktische Zone in Nordrussland und Finnland ist nur ein schmaler westlicher Ausläufer der großen sibirischen Tundrenzone. Die boreale Zone Europas ist ebenfalls nur ein kleiner Teil einer viel weiter ausgedehnten Klimazone, der eurosibirischen Taigazone. Sie nimmt den Norden des europäischen Teil Russlands sowie den größten Teil Skandinaviens ein und greift noch in das nördliche Schottland über. Anders sind die Verhältnisse bei der Zone der sommergrünen Laubwälder. Sie ist in ihrem Charakter fast rein europäisch und in ihrer Ausdehnung so gut wie auf Europa beschränkt. Nur mit einem schmalen Ausläufer reicht sie nach Westsibirien hinein. Die trockenen Steppen- und Wüstengebiete der nemoralen Zone erstrecken sich dagegen weit nach Innerasien hinein. Der europäische Teil ist nur ein kleines Gebiet am westlichen Rand. Die meridionale Zone Europas gehört zum subtropischen Klimagürtel, der sich über Südeuropa und Nordafrika erstreckt.

Abb. 1: Winterlinge vor der Stiftungskirche St. Pankratius in Hamersleben (Sachsen-Anhalt). Foto: Peter Rüther

Tab. 1: Übersicht über die behandelten Klimazonen und ihre wichtigsten Merkmale.

Klimazonen	Unterteilung	Klimatische Bedingungen
Polarzone (arktische Zone) mit Jahreszeitenklima	Inlandeis ohne Pflanzenwuchs	
	Kältewüste ohne geschlossene Vegetationsdecke	wärmster Monat im Mittel weniger als 6°C
	Tundra	Permafrostboden
ca. 1 Monat > 10°C (= Baumgrenze)		
Gemäßigte (temperierte) Zone	Boreale Zone mit Nadelwäldern (Taiga)	Jahresmitteltemperaturren -3 - +3°C, Vegetationszeit 30-120 Tage
	Nemorale Zone mit sommergrünen Laubwäldern und Steppen	Jahresmitteltemperaturen 8-12°C, 4 gleich lange Jahreszeiten, sommerliches Niederschlagsmaximum, geschlossene Schneedecke im Winter
	Meridionale Zone mit immergrünen Steineichen-Wäldern	Jahresmitteltemperaturen 15-20°C, sommerliche Trockenzeit, winterliches Niederschlagsmaximum, keine winterliche Vegetationsruhe
Frostgrenze		
Tropen mit Tageszeitenklima	Wüsten und Halbwüsten	weniger als 200mm Niederschlag
	Regengrüne Wälder und Savannen	2-11 Monate Trockenzeit, mehr als 200mm Niederschlag
	Immergrüne Regenwälder	immerfeucht, keine Regen- und Trockenzeiten

2 Der mitteleuropäische Laubwald

Unter Mitteleuropa wird im allgemeinen Sprachgebrauch das Gebiet der Länder Deutschland, Polen, Tschechien, Slowakei, Österreich, Schweiz, Luxemburg und Teile weiterer angrenzender Länder verstanden.

Mitteleuropa liegt in der nemoralen Zone. Wie oben ausgeführt zeichnet sich das mitteleuropäische Klima durch den Wechsel von kalten und warmen Jahreszeiten mit entsprechenden Übergangszeiten aus. Die Lage zwischen dem ozeanisch geprägten Westeuropa und dem kontinental geprägten Osteuropa sorgt für vergleichsweise ausgeglichene Temperaturverhältnisse, d.h. im Sommer übersteigen die Temperaturen selten +30°C und im Winter fallen sie selten unter -20°C.

Das mitteleuropäische Klima begünstigt sommergrüne Laubbäume (ELLENBERG 1996). Der sommergrüne Laubwald ist daher auch die natürliche Vegetation Mitteleuropas. Abgesehen von Sonderstandorten (Salzmarschen, Küstendünen, Moore, Felsen) wäre Mitteleuropa also ein fast lückenloses Waldland. Trotz jahrtausendelanger Einwirkung des Menschen auf die Wälder ist Mitteleuropa auch heute noch waldreich. Nur Nordeuropa und das nördliche Osteuropa sind noch waldreicher, alle anderen Bereiche Europas dagegen waldärmer.

Von Natur aus wäre die Rotbuche *(Fagus sylvatica)* die vorherrschende Baumart in Mitteleuropa. Früher sprach man vom mitteleuropäischen Klima sogar als von einem Buchenklima. Dort, wo die Rotbuche gut wachsen kann, verdrängt sie alle anderen Baumarten ganz oder fast ganz. Nur auf Standorten, die der Rotbuche nicht zusagen, können andere Baumarten zur Vorherrschaft kommen. Auf nassen, nährstoffreichen Standorten sind dies die Schwarz-Erle *(Alnus glutinosa)* und die Esche *(Fraxinus excelsior)*, auf nassen, nährstoffarmen Standorten sind es die Birken, insbesondere die Moor-Birke *(Betula pubescens)*, aber auch die Sand-Birke *(Betula pendula)*. Eichen (Stiel-Eiche – *Quercus robur* und Trauben-Eiche – *Quercus petraea*) sind überall dort zu finden, wo es der Rotbuche zu trocken oder zu nass wird. Entweder treten sie mit Birken zusammen im Birken-Eichenwald auf oder auf nährstoffreicheren Standorten mit der Hainbuche *(Carpinus betulus)* gemeinsam in Eichen-Hainbuchenwäldern. Nadelbäume würden in Mitteleuropa von Natur aus nur sehr kleine Bereiche einnehmen. Die heutigen großflächigen Vorkommen von Fichte *(Picea abies)* und Wald-Kiefer *(Pinus sylvestris)* sind forstlich bedingt (Ellenberg 1996, Härdtle et al. 2004, Hartmann 1974, Hofmeister 2001).

Im sommergrünen Laubwald herrschen besondere klimatische Bedingungen für die Pflanzenarten des Unterwuchses, man spricht von einem Bestandesklima im Waldinneren. Nicht alle Pflanzenarten kommen mit diesen Bedingungen zurecht. Gegenüber dem Freiland zeichnet sich das Waldinnere vor allem durch die folgenden Besonderheiten aus:

- Die Beleuchtungsstärke ist – zumindest in der warmen Jahreszeit, wenn die Bäume Laub tragen – im Waldinneren deutlich gedämpft. Pflanzenarten, die volles Sonnenlicht benötigen, können hier nicht gedeihen.
- Die Temperaturen schwanken im Waldinneren weniger stark als im Freiland. Das Kronendach der Bäume hemmt den Wärmeaustausch.
- Auch die Luftfeuchtigkeit schwankt auf Grund der ausgeglicheneren Temperaturen weniger stark.
- Die Windgeschwindigkeit ist deutlich herabgesetzt. Dadurch ist die Wasserverdunstung der Pflanzung geringer. Waldpflanzen brauchen daher im Vergleich zu Freilandpflanzen auf gleichen Böden und unter gleichen allgemeinklimatischen Bedingungen weniger Verdunstungsschutz.
- Ein Teil der Niederschläge wird von dem Kronendach der Bäume abgefangen. Das durchtropfende Wasser enthält gelöste Nähr- und Schadstoffe, die sich vorher auf den Blättern abgelagert haben.

3 Ablauf der Jahreszeiten im mitteleuropäischen Laubwald

Die nemorale Klimazone zeichnet sich durch vier etwa gleich lange Jahreszeiten aus. Als Besonderheit gegenüber anderen Klimazonen kann der jahreszeitliche Aspektwechsel im mitteleuropäischen Laubwald (Buchenwald) angesehen werden (Ellenberg 1996, Tüxen 1986, Walter & Breckle 1994).

Im Frühling erwacht das Leben. Die Laubknospen der Bäume treiben allmählich aus. In der Zeit vor dem Laubaustrieb – etwa ab Anfang März – können sich auf dem Waldboden die Frühblüher entfalten und mehr oder weniger geschlossene Teppiche bilden. Den jetzt schlüpfenden oder aus den Winterquartieren hervorkommenden Insekten bieten sie Nahrung in Form von Pollen, Nektar und grünen Laubblättern. Andererseits sind viele von ihnen aber auch auf die Insekten als Bestäuber angewiesen.

Nach der Laubentfaltung gelangt so wenig Licht durch die Baumkronen, dass in der Krautschicht des Waldes nur noch Schattenpflanzen gedeihen.

Der Sommer beginnt mit der vollständigen Entfaltung des Buchenlaubes, etwa ab Anfang Mai. Die Licht- und Temperaturverhältnisse am Waldboden haben sich stark geändert. Für die meisten Pflanzen ist dies die Hauptzeit der Photosynthese.

Im Herbst setzt die Laubfärbung im mitteleuropäischen Buchenwald ein, anschließend fallen Laub, Samen und Früchte von den Bäumen. Vorher werden in den Blättern organische Substanzen abgebaut und teilweise in den Stamm eingelagert. Dadurch erhalten die Blätter vieler Baumarten ihre auffällige rote bis gelbe Herbstfärbung. Bei den Krautpflanzen sterben die oberirdischen Triebe ab. Die sommerliche Produktion gelangt also wieder auf den Boden und bildet eine mehr oder weniger dicke Streuschicht.

Der Winter erzwingt durch Frost und schneebedeckten Boden eine Ruheperiode für die Pflanzen und viele Tiere des Waldes. In der nemoralen Klimazone kann die kalte Jahreszeit mit mittleren täglichen Minimaltemperaturen unter 0°C mehrere Monate dauern.

Die Photosynthese der Pflanzen wird im Winter eingestellt (Winterruhe).

Auch bei den Tieren ist dies eine Ruhezeit. Viele Säugetiere halten Winterruhe oder Winterschlaf. Eine große Zahl insektenfressender Vögel ist bereits im Herbst in wärmere Gebiete fortgezogen. Die meisten oberirdisch lebenden wechselwarmen Tiere (z.B. Insekten) verfallen in eine Kältestarre oder die Imagines sterben ab. Ihre Eier, Larven oder Puppen überdauern geschützt unter Baumrinden und im Boden die kalte Jahreszeit. Die Bodentiere bleiben größtenteils auch im Winter aktiv. Auf Grund der tiefen Temperaturen sind aber ihre Lebensfunktionen und die biologisch-chemischen Bodenprozesse sehr verlangsamt.

Abb. 2: Bärlauch-Blüte im Teutoburger Wald bei Bielefeld. Foto: Peter Rüther

4 Anpassungen heimischer Pflanzen an die ungünstige Jahreszeit – Lebensformen

Unter natürlichen Bedingungen wachsen in jeder Klimazone nur die Pflanzen, die in der Lage sind, die in dieser Zone vorkommenden Extremjahre ohne nachhaltige Schäden überdauern zu können – das Ergebnis einer jahrtausendelangen Auslese. In Gebieten mit kalten Wintern ergibt sich für Pflanzen also die Notwendigkeit, diese ungünstige Jahreszeit irgendwie geschützt zu überdauern.

In der nemoralen Zone mit länger andauernden Frösten im Winter sind die Pflanzen durch das Gefrieren und die Eisbildung in den Geweben stark gefährdet. Da sie die kalte Jahreszeit aber ohne Schäden überdauern können, müssen sie Eigenschaften besitzen, die den Pflanzen fehlen, die in den weiter in Richtung Äquator gelegenen Klimazonen vorkommen. Temperaturen unter 0°C kommen zwar auch in der meridionalen Zone vor, die Fröste sind aber nur von kurzer Dauer und nicht sehr stark. Da der Zellsaft der Pflanzen als Lösung erst bei einigen Grad unter Null gefriert, tritt ein Gefrieren der pflanzlichen Gewebe in der meridionalen Zone nicht ein.

Im Winter sind die Knospen die empfindlichsten Organe der Pflanzen. Ihre Lage ist entscheidend für die Fähigkeit, die ungünstige Jahreszeit unbeschadet zu überstehen. Am meisten durch Winterfröste betroffen sind Bäume, da ihre Knospen ungeschützt den kalten Temperaturen ausgesetzt sind. Pflanzen, die den Winter unter einer Schneedecke verbringen können, sind besser gegen kalte Temperaturen geschützt. Die Fröste dringen zwar auch unter die Schneedecke und in den Boden ein, aber deutlich abgemildert. Die Wärmeleitfähigkeit von Neuschnee beträgt nur etwa ein Zehntel der Leitfähigkeit von nassem Boden. Schnee wirkt also wie eine wärmeisolierende Schutzschicht über dem Boden. Selbst wenn an der Oberfläche einer Schneedecke die Temperaturen auf -20 bis -30°C absinken, gehen die Temperaturen an der Bodenoberfläche nur wenig unter den Gefrierpunkt.

Der Laubfall der Laubbäume stellt bereits eine erste Anpassung an kalte Winter dar. Er wird durch die verkürzte Tageslänge im Spätherbst eingeleitet und tritt in jedem Fall ein, auch wenn man Laubbäume z.B. in einem Gewächshaus hält. Die verkürzte Tageslänge bewirkt ein Vergilben der Blätter und die Ausbildung eines Trennungsgewebes an der Basis des Blattstiel. An dieser Stelle löst sich der Blattstiel vom Zweig, die Blattnarbe wird vom Baum mit einer Korkschicht abgeschlossen. Die Bäume stellen das Wachstum ein, sie werden in einen Ruhezustand versetzt.

Eine weitere Anpassung an kalte Temperaturen im Winter stellt die sog. Frosthärte oder Frostresistenz der Pflanzen dar. Diese Frosthärte ist artbedingt verschieden, doch bestehen bei einer Pflanze auch im Jahresverlauf sehr große Unterschiede. Im Winter vertragen Pflanzen tiefere Temperaturen als im Sommer. Im Frühling löst die ansteigende Temperatur einen »Verwöhnungsvorgang« aus. Die Frostverträglichkeit nimmt ab und erreicht im Sommer ihren niedrigsten Stand. Temperaturen, die im Winter noch ohne Schaden ertragen werden, wirken im Sommer bereits tödlich. Im Herbst beginnt mit den kühler werdenden Tagen ein Abhärtungsprozess in den Pflanzen, der schließlich die Frosthärte wieder bis auf das winterliche Maximum steigert. Diese jahreszeitliche Veränderung der Frosthärte ist der Grund, warum Fröste im späten Frühjahr oft starke Schäden anrichten können (Lerch 1991).

Der Däne Raunkiaer hat im Jahr 1904 eine Einteilung für die mitteleuropäischen Pflanzen entwickelt, die – mittlerweile etwas modifiziert – auch heute noch verwendet wird. Danach werden sieben Gruppen von Pflanzen unterschieden, die sich im Wesentlichen durch die Lage ihrer Knospen, also der frostempfindlichsten Teile der Pflanzen, in der kalten Jahreszeit unterscheiden.

4.1 Phanerophyten (Luftpflanzen)

Die Phanerophyten (griechisch »phaneros« = auffallend, sichtbar, »phyton« = Pflanze) sind am wenigsten gegen klimatische Einflüsse in der ungünstigen Jahreszeit geschützt. Ihre Überwinterungsknospen überdauern im freien Luftraum und sitzen dabei auf ausdauernden, verholzten Trieben, die sich mehr als 50cm hoch über dem Erdboden in die Luft erheben. Durch ihre exponierte Stellung liegen die Knospen niemals unter einer isolierenden Schneedecke und sind eventuellen Frosteinwirkungen direkt und ungeschützt ausgesetzt. Zu den Phanerophyten zählen Bäume, hochwüchsige Sträucher und einige Kletterpflanzen wie Efeu *(Hedera helix)*, Waldrebe *(Clematis vitalba)* und Weinrebe *(Vitis vinifera)*. Immergrüne Phanerophyten, wie z.B. viele Nadelbäume, behalten ihre Blätter im Winter, sommergrüne Arten werfen die Blätter in der ungünstigen Jahreszeit ab.

Die größte Artenfülle entwickeln Phanerophyten in tropischen Gebieten.

Hier bilden sie in der Regel keine Knospen aus, da es keine kalte, ungünstige Jahreszeit gibt. An die extremen Verhältnisse in den gemäßigten und arktischen Zonen sind nur vergleichsweise wenige Arten angepasst. Der Anteil der Phanerophyten an der mitteleuropäischen Flora beträgt etwa 10%. Davon werden 2% zu den Megaphanerophyten (Bäume) gerechnet und 8% zu den Nanophanerophyten (Sträucher).

Spezielle Speicherorgane werden von Phanerophyten nicht ausgebildet. Die Reservestoffe sind diffus im gesamten Pflanzenkörper verteilt. Anpassungen an eine kalte Jahreszeit sind bei den Phanerophyten der herbstliche Laubfall, ein Knospenschutz durch Knospenschuppen oder spezielle Blattstrukturen wie das Nadelblatt bei den Koniferen oder das Hartblatt z.B. bei der Stechpalme *(Ilex aquifolium)*. Diese Anpassungen schränken die Wasserabgabe ein und verhindern so eine Austrocknung der Pflanzen; im Winter können sie nämlich bei Frost kein Wasser aus dem gefrorenen Boden aufnehmen.

Die Knospen der Phanerophyten sind mit Knospenschuppen gegen Austrocknung (Frosttrocknis) geschützt. Die Knospenschuppen sind meistens lederartig zäh. Der Schutz vor Austrocknung wird durch Haarüberzüge, Harz-, Gummi- und Schleimausscheidungen oder eingeschlossene Luftschichten erhöht. Bei den Knospen der Rosskastanien wird z.B. von speziellen Drüsen ein Gemenge von Gummi und Harz ausgeschieden, das sich zwischen die äußeren Schuppenblätter ergießt und diese miteinander verklebt.

4.2 Chamaephyten (Halb- und Zwergsträucher)

Die Knospen an den überwinternden Trieben der Chamaephyten (griechisch »chamai« = am Boden, an der Erde) befinden sich wie bei den Phanerophyten über der Bodenoberfläche, jedoch nicht mehr als 25-50cm. Unter einer regelmäßig auftretenden Schneedecke oder Laub sind die Überwinterungsorgane den kalten Temperaturen nicht mehr ganz so ungeschützt ausgesetzt wie bei den Phanerophyten.

Fehlt jedoch der Schneeschutz, werden sie nicht gegen Winterkälte und –trockenheit abgeschirmt. Chamaephyten spielen daher in schneereicheren Regionen (Hochgebirge, Polargebiete) und auch in wintermilden, atlantischer geprägten Regionen eine größere Rolle als in Mitteleuropa.

11% der mitteleuropäischen Flora werden zu den Chamaephyten gerechnet. Dazu gehören alle Zwergsträucher mit holzigen Stängeln (z.B. Heidelbeere – *Vaccinium myrtillus*, Preiselbeere – *Vaccinium vitis-idaea*, Heidekraut

– *Calluna vulgaris*), Polsterpflanzen in alpinen Regionen und krautige Arten, die ihren kriechenden oder niederliegenden Stängel nur wenig über den Boden erheben (z.B. Kleines Immergrün – *Vinca minor*).

Die beiden folgenden Gruppen werden auch als Stauden bezeichnet. Damit sind mehrjährige, krautige Pflanzen gemeint, die in unterirdischen Pflanzenteilen Reservestoffe speichern können.

4.3 Hemikryptophyten (Oberflächenpflanzen)

Die Knospen der Hemikryptophyten (griechisch »hemi« = halb, »kryptos« = verborgen) liegen unmittelbar an der Bodenoberfläche. Im Winter sterben die oberirdischen Sprosse ganz ab, die Pflanzen sind jedoch nicht tot. Oft bleiben einige Rosettenblätter erhalten. Die unterirdischen Organe überwintern ebenfalls und dienen der Stoffspeicherung für die neuen Triebe. Dabei kann es sich um Rhizome, rüben- oder knollenförmig verdickte Wurzeln oder um Ausläufer handeln (zur Erklärung der Begriffe s. Kap. 6).

Schon eine geringe Schneedecke und auch die eigenen lebenden oder abgestorbenen Blätter bieten den überwinternden, lebenden Knospen Schutz vor Austrocknung und zu tiefen Temperaturen.

Fast die Hälfte der mitteleuropäischen Pflanzenarten (ca. 45%) sind Hemikryptophyten. In den nordischen Tundren und Hochgebirgen ist ihr Anteil noch deutlich höher. Dennoch spricht man von einem »Hemikryptophyten-Klima« in Mitteleuropa, d.h. die klimatischen Bedingungen sind hier vor allem für die Lebensform der Hemikryptophyten günstig.

Hemikryptophyten sind eine sehr vielfältige Pflanzengruppe. Nach der äußeren Gestalt können wir Horstpflanzen, Rosettenpflanzen, Ausläuferstauden und Schaftpflanzen ohne Rosette unterscheiden.

- Horstpflanzen bilden dichte und kompakte Blattbüschel aus zahlreichen schmalen Blättern, von denen die meisten am Ende der Vegetationsperiode absterben. Abgestorbene und lebende Blätter schützen die Knospen. Viele unserer Gräser zählen zu den Horstpflanzen.
- Bei den Rosettenpflanzen ist die Entwicklung der blattlosen Sprossabschnitte zwischen den Blattansätzen (Internodien) vollständig gehemmt. Die Laubblätter sitzen daher am Grund des Sprosses dicht gedrängt zusammen und bilden eine Rosette. Bekannte Beispiele sind Gewöhnlicher Löwenzahn *(Taraxacum officinale)* und Mittlerer Wegerich *(Plantago media)*. Als Halbrosettenpflanzen bezeichnet man Arten, die nur bis zur Blütenbildung eine Rosette besitzen, bei Beginn der Blütenbildung stirbt sie ab.

- Ausläuferstauden bilden lange, am Boden oder unter der Bodenoberfläche kriechende Seitensprosse. Auf einige stark verlängerte Sprossabschnitte folgen stark gestauchte Sprossabschnitte, so dass sich am Ausläuferende eine Blattrosette entwickelt und Wurzeln gebildet werden. Die Sprossachse verdickt sich hier und wächst nicht mehr am Boden kriechend weiter sondern aufrecht wachsend. Unter den Frühblühern hat die Wald-Erdbeere *(Fragaria vesca)* eine solche Wuchsform.
- Bei den Schaftpflanzen ist der untere Teil des Stängels blattlos, nach dem Absterben im Herbst bleiben daher keine Rosettenblätter erhalten. Die Überwinterungsknospen sitzen an der Stängelbasis oder am Ende von oberirdischen bzw. unterirdischen Ausläufern. Beispiele für Schaftpflanzen sind Große Brennnessel *(Urtica dioica)*, Gemeiner Beifuß *(Artemisia vulgaris)* oder Gemeiner Gilbweiderich *(Lysimachia vulgaris)*.

4.4 Geophyten (Erdpflanzen)

Im Unterschied zu den Hemikryptophyten tragen Geophyten (griechisch »geo-« = Erd-) ihre Erneuerungsknospen noch besser geschützt unter der Erdoberfläche. Auch bei ihnen sterben die oberirdischen Teile zu Beginn der ungünstigen Jahreszeit vollständig ab. Erhalten bleiben unterirdisch liegende Speicherorgane, die Reservestoffe für den Austrieb im nächsten Frühjahr enthalten.

Durch die unterirdische Lage der Knospen sind Geophyten am besten von allen Lebensformen gegen Winterkälte und auch gegen Sommertrockenheit geschützt. Das Hauptverbreitungsgebiet der Geophyten liegt daher auch in Gebieten mit kalten Wintern und trockenen Sommern, z.B. in den kontinentalen Steppengebieten Eurasiens und im Mediterrangebiet. Etwa 10% der mitteleuropäischen Pflanzenarten sind Geophyten.

Nach der Art der Speicherorgane werden Rhizom-, Zwiebel-, Knollen- und Rübengeophyten unterschieden (s. auch Kap. 6).

- Rhizomgeophyten werden Stauden mit unterirdischen Sprossachsen (Rhizomen) genannt, die zur Speicherung von Reservestoffen verdickt sind. Viele bekannte heimische Frühblüher gehören zu den Rhizomgeophyten, z.B. Busch-Windröschen *(Anemone nemorosa)* und Huflattich *(Tussilago farfara)*.
- Zwiebelgeophyten haben eine stark gestauchte Sprossachse und speichern die Reservestoffe in unterirdisch gelegenen Blattorganen. Beispiele sind Schneeglöckchen *(Galanthus nivalis)* und Märzenbecher *(Leucojum vernum)*.

- Knollengeophyten speichern ihre Reservestoffe in verdickten Abschnitten der Sprossachse oder der Wurzel. Ihre Speicherorgane überdauern meistens nur eine Vegetationsperiode. Das Scharbockskraut *(Ranunculus ficaria)* z.B. bildet Wurzelknollen, der Hohle Lerchensporn *(Corydalis cava)* eine Hypokotylknolle.
- Rübengeophyten haben in der Regel ein dauerhaftes Speicherorgan, das aus der verdickten Hauptwurzel und dem Hypokotyl gebildet wird. Unter den heimischen Frühblühern gibt es keine Beispiele für Rübengeophyten.

4.5 Therophyten (Einjährige)

Bei den Therophyten (griechisch »theros« = warme Jahreszeit, Sommer), auch annuelle Arten genannt, lebt der Vegetationskörper weniger als ein Jahr und stirbt am Ende der Vegetationsperiode ab. Die einzigen lebenden Teile der Pflanzen sind dann die Samen. Die Pflanzen überstehen die vegetationsfeindliche Periode also als embryonale Ruhestadien in den widerstandsfähigen Samen. Es gibt keine Speicherorgane. Die junge Pflanze muss im Frühjahr und Sommer die zum Blühen und Fruchten nötigen Stoffe selbst aufbauen. Einjährige Pflanzen sind deshalb an nährstoffreiche Standorte gebunden, wie z.B. die meisten Ackerwildkräuter. In der mitteleuropäischen Flora können etwa 19% der Arten zu den Therophyten gerechnet werden.

In der heutigen Kulturlandschaft spielen Therophyten eine große Rolle, z.B. auf vielen landwirtschaftlich genutzten Flächen. Unter natürlichen Verhältnissen würden sie kaum vorkommen.

4.6 Helophyten (Sumpfpflanzen)

Helophyten (griechisch »helos« = feuchte Wiese, sumpfige Niederung) stehen nur mit den Wurzeln und den untersten Sprossteilen im Wasser. Ähnlich wie die Wasserpflanzen haben sie spezielle Durchlüftungsgewebe mit großen luftgefüllten Hohlräumen. Sie dienen als Luftspeicher, die sowohl den Auftrieb erhöhen als auch einen regen Gastransport im Inneren der Gewebe ermöglichen. In der ungünstigen Jahreszeit befinden sich die überdauernden Organe unter Wasser.

4.7 Hydrophyten (Wasserpflanzen)

Hydrophyten (griechisch »hydor« = Wasser, »hydro« = Wasser-) leben mehr oder weniger ganz im Wasser. Sie überdauern auch den Winter unter Wasser. Man unterscheidet vollständig untergetaucht lebende Pflanzen (submers lebende Arten) und Wasserpflanzen mit Schwimmblättern, die auf dem Wasser liegen. Die untergetauchten Pflanzenteile haben nur sehr dünne Außenwände; sie können Kohlendioxid, Sauerstoff und Nährsalze direkt aus dem Wasser aufnehmen. Viele Schwimmpflanzen sind daher ihr ganzes Leben wurzellos (z.B. Hornblatt-Arten – *Ceratophyllum* spec., Wasserschlauch-Arten – *Utricularia* spec.).

Helophyten und Hydrophyten machen zusammen etwa 5% der mitteleuropäischen Flora aus.

Als Ergebnis der Betrachtung der Rolle der einzelnen Lebensformen für die natürliche Pflanzenwelt Mitteleuropas kann festgehalten werden, dass im mitteleuropäischen Klima Wälder aus sommergrünen Bäumen (Phanerophyten) begünstigt werden. Im Unterwuchs wachsen hauptsächlich krautige, sommergrüne Hemikryptophyten und frühlingsgrüne Geophyten. Therophyten und Chamaephyten, aber auch Helophyten und Hydrophyten spielen von Natur aus keine große Rolle.

Abb. 3: Frühlings-Aspekt mit *Corydalis.* Foto: Peter Rüther

5 Eigenschaften und Lebensbedingungen von Frühblühern

Die Frühblüher der mitteleuropäischen Laubwälder sind Hemikryptophyten oder Geophyten. Daneben gibt es als Ausnahmen wenige verholzte Pflanzen, die sehr früh im Jahr blühen (z.B. Seidelbast – *Daphne mezereum*). Durch die unterirdischen Speicherorgane können Frühblüher im Vorjahr genügend Nährstoffe speichern, um im Frühjahr schneller austreiben zu können. Durch einen schnellen Austrieb und ein schnelles Wachstum können sie die kurze Zeitspanne zwischen den ersten warmen Frühlingstagen und der vollständigen Belaubung der Bäume voll ausnutzen. In diesen wenigen Wochen müssen sie mit ganz bestimmten klimatischen und standortbedingten Verhältnissen zurechtkommen.

Die Lichtintensität erreicht im Vorfrühling auf dem Waldboden ihr Jahresmaximum. Die absolute Lichtintensität über den Baumkronen ist jetzt zwar geringer als im Sommer, da die Bäume aber noch nicht belaubt sind, fällt mehr Licht auf den Waldboden. Im Sommer gelangt nur noch vergleichsweise wenig Licht durch das geschlossene Blätterdach. Dann kommen nur wenige Pflanzen mit den geringen Lichtverhältnissen am Waldboden zurecht. Lichtliebende Pflanzen können Wälder nur besiedeln, wenn sie früher blühen und fruchten als die Bäume ihr Laub ausbilden.

Auch die Temperaturen sind im zeitigen Frühjahr schon für das Pflanzenwachstum günstig. Die ersten Sonnenstrahlen erwärmen die lockere Streuauflage am Waldboden rasch. In der Streu können Temperaturen bis zu 30°C auftreten. Wenn sich allmählich auch die tieferen Bodenschichten erwärmen, treiben die Bäume aus und die Zeit der Frühblüher ist vorbei.

Die rasche Entwicklung der Frühblüher erfordert spezielle Standortbedingungen. Die Böden müssen vor allem ausreichend mit Wasser und Nährstoffen versorgt sein. Auf trockenen, nährstoffarmen Standorten kommen daher keine Frühblüher vor. Günstige Voraussetzungen finden Vertreter dieser Pflanzengruppe hauptsächlich in Auwäldern und auf humus- und basenreichen Waldböden mit Buchen-, Eichen-Hainbuchen- und Erlenwäldern.

Eine Entwicklungszeit von wenigen Wochen ist sehr kurz, wenn alle Teile der Pflanzen aus Photosyntheseprodukte neu aufgebaut werden müssten. Daher nutzen die Frühblüher Reservestoffe, die sie im Vorjahr bereits aufgebaut und in Speicherorgane eingelagert haben. Die Speicherorgane können nicht oberirdisch liegen, da sie in strengen Wintern – was in der nemoralen Zone regelmäßig der Fall ist – den Frost ohne eine schützende Schneedecke nicht aushalten würden. Im allgemeinen haben Frühblüher unterirdische Speicherorgane z.B. in Form von Knollen, Zwiebeln oder Rhizomen (s. Kap. 5 und 6).

Auch wenn nur eine vergleichsweise kurze Zeitspanne für die Entwicklung der Frühblüher zur Verfügung steht, kommen keineswegs alle Arten gleichzeitig zur Blüte. Vielmehr gibt es eine bestimmte Abfolge der Blühtermine, die sich – gesteuert vom klimatischen Jahresrhythmus und von den genetischen Anlagen der Pflanzen – Jahr für Jahr wiederholt. Je nach Witterungsverlauf können sich zwar die absoluten Daten des Austriebs bzw. des Aufblühens jedes Jahr verschieben, die Reihenfolge des Aufblühens der Arten bleibt aber über weite Bereiche hinweg konstant. Diese Abfolge der Blühtermine im zeitigen Frühjahr ist eines der auffallendsten Naturphänomene der Vegetation Mitteleuropas. Besonders gut zu studieren ist es in den Kalkbuchenwäldern.

Bereits im März beginnen z.B. Scharbockskraut *(Ranunculus ficaria)*, Busch-Windröschen *(Anemone nemorosa)*, Leberblümchen *(Hepatica nobilis)* und Wald-Gelbstern *(Gagea lutea)* zu blühen. Ihre grünen Laubblätter sind meistens schon ab Ende Februar zu sehen. Anfang April erscheinen dann die Blüten von Wald-Bingelkraut *(Mercurialis perennis)* und Hohlem Lerchensporn *(Corydalis cava)*. Ende April bis Anfang Mai beginnen die Blütezeiten von Waldmeister *(Galium odoratum)*, Bär-Lauch *(Allium ursinum)* und Aronstab *(Arum maculatum)* vergleichsweise spät. Nicht mehr zu den Frühblühern gerechnet werden die Arten, deren Blühbeginn deutlich nach dem Laubaustrieb der Rotbuche liegt. Dazu gehören unter den Arten der Kalkbuchenwälder z.B. Einblütiges Perlgras *(Melica uniflora)*, Ährige Teufelskralle *(Phyteuma spicatum)* und Türkenbund-Lilie *(Lilium martagon)*.

6 Grundaufbau von Samenpflanzen

6.1 Wurzel, Sprossachse und Blatt

Alle Höheren Pflanzen, zu denen Farne und Blütenpflanzen gerechnet werden, haben einen einheitlichen Grundaufbau. Von den übrigen Pflanzengruppen (Algen, Pilze, Flechten, Moose) unterscheiden sie sich durch die Gliederung in die drei Grundorgane Wurzel, Sprossachse (= Stängel) und Blatt. Jedes Grundorgan hat eine bestimmte Funktion.

- Die Wurzeln übernehmen die Verankerung der Pflanzen im Boden sowie die Aufnahme von Wasser und Nährsalzen. Sie liegen in der Regel unter der Erdoberfläche. Sprossachse und Blätter dagegen sind in der Regel oberirdisch und bilden den Spross.
- In den Sprossachsen werden Stoffe transportiert: Wasser und Nährsalze, die von den Wurzeln aufgenommen werden, gelangen so in die Blätter, organische Stoffe, die in den Blättern gebildet werden, in die Wurzel. Die Sprossachsen tragen außerdem die Blätter und sorgen durch entsprechende Blattstellung dafür, dass diese eine möglichst günstige Stellung zu den Sonnenstrahlen haben, wobei die gegenseitige Beschattung möglichst gering ist.
- Die Blätter sind die Organe der Photosynthese. Sie enthalten das dafür notwendige Chlorophyll und sind in der Regel grün gefärbt. Mit einer flächigen Gestalt erreichen sie den optimalen Lichtgenuss.

Die große Vielfalt der Höheren Pflanzen lässt sich letztlich auf Abwandlungen der drei Grundorgane Wurzel, Sprossachse und Blatt zurückführen. Abwandlungen können hinsichtlich der Größe, Anzahl und Symmetrieverhältnisse der Grundorgane erfolgen. Mit der morphologischen Abwandlung können in manchen Fällen auch Änderungen der Funktionen der Grundorgane verbunden sein.

Wenn ein Organ als Anpassung an bestimmte Umweltbedingungen bzw. Lebensweisen so stark verändert ist, dass es seine normale Gestalt und Funktion verloren hat, spricht man von einer Metamorphose. Die Stellung im Bauplan der Pflanze bleibt allerdings erhalten. So kann man ein metamorphosiertes Organ aus seiner Lage zu den übrigen Organen in den Grundbauplan einordnen.

Bekannte Beispiele für Metamorphosen bei Höheren Pflanzen sind Dornen und Ranken. Dornen werden aus umgewandelten Blättern bzw. Blattteilen (z.B. Nebenblätter bei der Robinie – *Robinia pseudoacacia*) oder Kurztrieben (z.B. bei der Schlehe – *Prunus spinosa*) gebildet. Als Ranken können umgebildete Blattspreiten (z.B. bei vielen Wicken-Arten – *Vicia* spec. und bei der Garten-Erbse – *Pisum sativum*), Blattstiele (z.B. bei der Gemeinen Waldrebe – *Clematis vitalba*) oder Sprossachsen (z.B. beim Weinstock – *Vitis vinifera*) ausgebildet sein.

Auch die unterirdischen Speicherorgane der mitteleuropäischen Frühblüher sind Abwandlungen der Grundorgane, die dann eine andere Funktion übernehmen. Zum Verständnis dieser Abwandlungen muss zuerst der Aufbau der drei Grundorgane etwas näher erläutert werden (s. auch MÜLLER & MÜLLER 2003, HOFMANN & SCHWERDTFEGER 1998, SITTE 2002, TROLL 1935, 1954).

Sprossachse

Die Sprossachse wird durch Knoten und dazwischenliegende Abschnitte (Internodien) gegliedert. An den Knoten sitzen die Blätter, sie sind meist etwas verdickt. Die Sprossachse kann sich aus eigener Kraft im Raum orientieren oder sie kann Hilfsmittel benutzen. Ihre Wuchsformen können unterteilt werden in aufrecht wachsende, am Boden liegende bzw. kriechende, auf der Wasseroberfläche schwimmende oder im Wasser flutende und an entsprechenden Unterlagen kletternde Formen.

Blatt

Ein vollständig ausgebildetes, typisches Blatt besteht aus dem Blattgrund, den Nebenblättern (Stipeln), dem Blattstiel und der Blattspreite. Blattgrund und Nebenblätter werden zusammen als Unterblatt bezeichnet, Blattstiel und Blattspreite als Oberblatt.

Der Blattgrund ist der Blattteil, mit dem das Blatt an der Sprossachse sitzt. Er erscheint oft als eine kurze Verbreiterung am unteren Ende des Blattstieles. Der Blattgrund ist bei manchen Pflanzen stark entwickelt und bildet dann eine sog. Blattscheide (z.B. bei vielen Doldenblütlern – Apiaceae). Am

Blattgrund sitzen manchmal zwei zipfelförmige Anhängsel, die Nebenblätter. Sie sind charakteristisch für manche Pflanzenfamilien, z.B. für Schmetterlingsblütengewächse – Fabaceae und Rosengewächse – Rosaceae.

Der Blattstiel ist meistens rund und achsenähnlich, er trägt die Blattspreite. Diese ist der flächig ausgebildete Blattteil, der die Photosynthese übernimmt. Die Blattspreite kann sehr vielgestaltig sein. Wichtige Merkmale sind ihre Umrissformen (z.B. ganzrandig, gesägt, gezähnt, gekerbt, gebuchtet, fiederspaltig), die Verteilung ihrer Blattnerven (z.B. parallel- oder bogennervig, fieder- oder fingernervig) und ihre Zusammensetzung aus mehreren Teilblättchen (gefiederte oder gefingerte Blätter).

Sprossachse und Blätter bilden zusammen den in der Regel oberirdischen Spross. Zum Verständnis der Zusammenhänge zwischen Blattstellung und Verzweigung muss auf einige Details zum Aufbau des Sprosses noch näher eingegangen werden.

- Blätter sitzen an der Sprossachse immer an den Knoten. Die Blattstellung kann wechselständig (nur ein Blatt je Knoten), gegenständig (zwei Blätter je Knoten) oder wirtelig bzw. quirlständig (mehr als zwei Blätter je Knoten) sein.
- Verzweigungen der Sprossachse entspringen immer aus den Blattachseln. Ein Blatt, aus dessen Achsel ein Seitenspross entspringt, wird Tragblatt genannt.
- Blätter treten an der Sprossachse immer in einer bestimmten zeitlichen bzw. räumlichen Reihenfolge auf. Im vollständigen Fall sind die folgenden Blatttypen vertreten: Die ersten, meistens schon im Samen vorhandenen Blätter sind die Keimblätter (Kotyledonen). Bei den sog. Zweikeimblättrigen Pflanzen sind es zwei, bei den Einkeimblättrigen Pflanzen ist es nur ein einzelnes. Auf die Keimblätter folgen Niederblätter, das sind reduzierte, meist schuppenförmige Blattorgane, die keine Photosynthese treiben. Niederblätter treten sehr häufig an unterirdischen Sprossen oder bei Laubbäumen als Knospenschuppen auf. Auf die Niederblätter folgen die Laubblätter. Damit sind die normal ausgebildeten, grünen, Photosynthese treibenden Blätter gemeint. Die untersten sind oft etwas kleiner und einfacher gestaltet; sie werden als Primärblätter bezeichnet, die übrigen als Folgeblätter. Im Bereich der Blüten können noch Hochblätter auftreten. Sie haben eine Funktion im Blütenbereich (z.B. die Verbesserung der Schauwirkung), sind im Vergleich zu den Laubblättern reduziert und haben oft eine auffällige Färbung.
- Der unterste Abschnitt der Sprossachse bis zu dem Knoten, an dem die Keimblätter sitzen, wird als Hypokotyl bezeichnet (griechisch »hypo« =

unterhalb), der darauf folgende Abschnitt zwischen den Keimblättern und den ersten (Nieder-) Blättern ist das Epikotyl (griechisch »epi« = auf).

Wurzel

Die erste Wurzel des jungen Keimlings nennt man Primärwurzel. Sie ist die direkte Fortsetzung der oberirdischen Sprossachse und kann das ganze Leben der Pflanze hindurch erhalten bleiben und die dominierende Wurzel darstellen (= Pfahlwurzel). Als Verzweigungen der Primärwurzel entspringen seitlich die sog. Seitenwurzeln. Bei Einkeimblättrigen Pflanzen stirbt die Primärwurzel meist sehr früh ab und wird durch sog. sprossbürtige Wurzeln ersetzt. Diese entspringen seitlich aus den untersten Abschnitten der Sprossachse, also oberhalb der Primärwurzel. Sprossbürtige Wurzeln sind aber nicht nur typisch für Einkeimblättrige Pflanzen, z.B. Schneeglöckchen *(Galanthus nivalis)* und Märzenbecher *(Leucojum vernum)*, gelegentlich können sie auch bei Zweikeimblättrigen Pflanzen auftreten, z.B. beim Scharbockskraut *(Ranunculus ficaria)*.

6.2 Blüten

Die Blüten der Samenpflanzen stellen kein 4. Grundorgan dar. Sie sind aus abgewandelten Blättern aufgebaut, die an einem stark verkürzten Spross sitzen, der nicht mehr weiter wächst. Ihre Grundfunktion der Photosynthese haben die Blütenblätter weitgehend verloren. Sie stehen direkt oder indirekt im Dienst der Fortpflanzung (Hess 1983, Troll 1957).

Es gibt eine Grundform der Blüte, auf die sich alle Blüten zurückführen lassen. Jede Blüte ist aus den gleichen Bestandteilen aufgebaut. Mag eine Blüte auf den ersten Blick auch noch so kompliziert oder fremdartig aussehen, der Grundaufbau ist immer gleich und leicht zu verstehen.

Jede Blüte ist aus vier, in der Regel gut unterscheidbaren Blatt-Typen aufgebaut, die immer in der gleichen Reihenfolge stehen. Von außen nach innen gesehen folgen Kelch-, Kron-, Staub- und Fruchtblätter aufeinander.

- Kelchblätter sind meist grün gefärbt. Sie schützen die inneren Blütenteile vor dem Aufblühen. (Nicht zu verwechseln mit den Knospenschuppen unserer Laubbäume, bei denen es sich um stark reduzierte Laubblätter handelt und nicht um Blütenblätter). Bei manchen Pflanzen fallen die Kelchblätter beim Aufblühen ab (z.B. bei Mohn-Arten), meistens bleiben sie aber auch nach dem Verblühen noch erhalten.

Bei einigen gut bekannten Nutzpflanzen kann man an den reifen Früchten noch die grünen Kelchblätter erkennen. Bei Erdbeeren oder Tomaten sitzen sie direkt am Stielansatz, bei Äpfeln findet man sie an der dem Stielansatz gegenüberliegenden Seite.

- Kronblätter sind oft farbig und dienen dann der Anlockung von Tieren, die bei ihrem Blütenbesuch die Bestäubung übernehmen. Pflanzen, die vom Wind bestäubt werden, haben mehr oder weniger reduzierte Kronblätter. Sie brauchen keine großen und auffällig gefärbten Blütenorgane. Kronblätter fallen in der Regel beim Verblühen ab. Bei einigen Pflanzenarten tragen die Kronblätter Nektardrüsen am Grund. Dann nennt man sie auch Nektarblätter oder Honigblätter. Nektar kann auch in einem sackartigen Anhängsel der Kronblätter gebildet bzw. gesammelt werden, dem Sporn. Sind Kelch- und Kronblätter an einer Pflanze äußerlich nicht zu unterscheiden, spricht man von Perigonblättern. Dies ist typisch für die Einkeimblättrigen Pflanzen.
- Staubblätter stehen gewöhnlich in zwei Kreisen. Jedes Staubblatt ist aus einem Staubfaden und einem Staubbeutel aufgebaut. In den Staubbeuteln wird der Pollen gebildet.
- Fruchtblätter tragen auf ihrer Oberfläche Samenanlagen, die sich nach der Bestäubung mit Pollen zu Samen entwickeln. Da die Fruchtblätter bei den Bedecktsamern am Rand verwachsen sind, liegen die Samenanlagen im Innern eines Hohlraumes. Sind mehrere Fruchtblätter am Aufbau einer Blüte beteiligt, können diese voneinander getrennt oder (meistens) miteinander verwachsen sein. Die Gesamtheit der verwachsenen Fruchtblätter nennt man Stempel (Pistill). Sowohl ein einzelnes Fruchtblatt als auch der aus mehreren Fruchtblättern zusammengesetzte Stempel lassen sich gliedern in die Narbe (oberster Teil, dient zum Auffangen des Pollens und ist daher oft klebrig oder haarig), den Griffel (stielartiger Träger der Narbe, kann auch fehlen) und den Fruchtknoten (unterster bauchiger Teil, der die Samenanlagen enthält).

Abwandlungen des dargestellten Grundaufbaus der Blüte können auftreten, indem die Anzahl der Blütenbestandteile reduziert oder erhöht wird, die Symmetrieverhältnisse sich ändern oder Verwachsungen stattgefunden haben.

7 Speicherorgane bei Frühblühern und anderen Pflanzen

Die unterirdischen Speicherorgane der Frühblüher sind morphologisch auf Abwandlungen der drei Grundorgane von Samenpflanzen (Wurzel, Sprossachse und Blatt) zurückzuführen. Sie lassen sich also von den in Kap. 6.1 dargestellten Grundformen ableiten.

7.1 Wurzeln als Speicherorgane

Wurzeln können auf zweierlei Art als Speicherorgane genutzt werden, als Rüben oder als Wurzelknollen.

- Bei Rüben ist jeweils die Primärwurzel stark verdickt und fleischig. Sie bleibt meist während der gesamten Lebensdauer der Pflanze erhalten und kann starke Ausmaße annehmen. Wenn neben der Primärwurzel auch das darüber liegende Hypokotyl in die Knollenbildung mit einbezogen ist, sitzen die ersten Laubblätter direkt auf der Rübe. Rüben findet man nur bei Zweikeimblättrigen Pflanzen. Heimische Frühblüher bilden keine Rüben als Speicherorgane aus. Man findet sie aber bei vielen Nutzpflanzen, bei denen die Rüben als Nahrungsmittel verwendet werden (z.B. Zuckerrübe – *Beta vulgaris*, Möhre – *Daucus carota*, Rettich – *Raphanus sativus* var. *niger*).
- Wurzelknollen sind knollig verdickte Seitenwurzeln oder sprossbürtige Wurzeln. Sie sind kurzlebig und bleiben nur eine Vegetationsperiode erhalten. Wenn sie nach dem Austrieb im Frühjahr verbraucht sind, werden im Sommer und Herbst neue Wurzelknollen gebildet, die im Folgejahr verbraucht werden. An sprossbürtigen Wurzeln findet man Wurzelknollen z.B. beim Scharbockskraut *(Ranunculus ficaria)*.

7.2 Sprossachsen als Speicherorgane

Wenn Sprossachsen als Speicherorgane dienen, liegen sie immer unter der Erde, da sie dort im Winter besser vor tiefen Temperaturen geschützt sind. Von Wurzeln lassen sich unterirdische Sprosse generell dadurch unterscheiden, dass an Wurzeln niemals Blätter auftreten können. An Sprossen kann man dagegen kleine Niederblätter oder – falls diese schon abgefallen sind – zumindest Blattnarben erkennen. Bei den Speicherorganen der Sprossachsen lassen sich Rhizome, Sprossknollen und Hypokotylknollen unterscheiden. Auch bei der Zwiebel übernimmt der unterirdische Spross eine gewisse Speicherfunktion, im Wesentlichen wird sie aber von den Blättern übernommen und daher auch dort erläutert (s. Kap. 7.3).

- Rhizome, auch Wurzelstöcke genannt, sind unterirdisch wachsende, ausdauernde und verdickte Triebe. Sie wachsen in waagerechter Richtung vorne immer weiter, sterben hinten aber nach einer Weile ab. Bei Rhizompflanzen stirbt die Primärwurzel schnell ab und wird durch sprossbürtige Wurzeln am Rhizom ersetzt. Diese werden in dem Maße neu gebildet, wie das Rhizom vorne weiterwächst. Meistens ist bei Rhizomen das Längenwachstum der Internodien stark gehemmt, dafür ist das Dickenwachstum aber sehr stark ausgeprägt. Rhizome können sich wie oberirdische Sprossachsen auch verzweigen. Bei echten Rhizomen wird nur das Rhizom selbst zur Stoffspeicherung genutzt und nicht die am Rhizom sitzenden Niederblätter. In manchen Fällen sind aber auch die Niederblätter fleischig verdickt, dann spricht man von einem Schuppenrhizom (z.B. bei der Schuppenwurz – *Lathraea squamaria*).
- Sprossknollen sind knollenartig verdickte Teile der Sprossachse. Sie bestehen nur aus wenigen Internodien und haben daher eine mehr oder weniger rundliche Gestalt. Ähnlich wie Wurzelknollen bleiben sie nur von einer Vegetationsperiode bis zur nächsten erhalten und werden dann durch neue Sprossknollen ersetzt. Sprossknollen können an unterirdischen Ausläufern auftreten (z.B. bei der Kartoffel – *Solanum tuberosum*) oder an Rhizomen (z.B. beim Gefleckten Aronstab – *Arum maculatum*). Im Vergleich zu unterirdischen Ausläufern sind Rhizome verdickt, da sie hauptsächlich der Stoffspeicherung dienen, Ausläufer dagegen der vegetativen Vermehrung.
- Hypokotylknollen können auch als Spezialfälle von Sprossknollen angesehen werden. Sie bestehen nur aus dem Hypokotyl und wachsen aufrecht. Im Unterschied zu den anderen Sprossknollen sind sie oft langlebig und vergrößern sich jedes Jahr. Hypokotylknollen werden z.B. vom Hohlen und Gefingerten Lerchensporn *(Corydalis cava, C. solida)* und vom Winterling *(Eranthis hyemalis)* gebildet.

7.3 Blätter als Speicherorgane

Blätter als Speicherorgane sind als sog. Schuppenblätter ausgebildet. Von einem normalen Laubblatt unterscheiden sie sich dadurch, dass ein Oberblatt (also Blattstiel und Blattspreite) nicht ausgebildet ist. Vom Unterblatt ist der Blattgrund gut ausgebildet, manchmal auch die Stipeln. Schuppenblätter können als Rudimente, die keine besondere Funktion mehr haben, an Rhizomen oder im Blütenbereich auftreten. Sie können auch als Schutz- und Speicherorgane dienen. Schutzorgane sind z.B. die Knospenschuppen der Bäume und Sträucher.

Wenn Schuppenblätter als Speicherorgane dienen, sind sie stark verdickt und fleischig. Sie sitzen an einer sehr kurzen Sprossachse, die wie eine Scheibe abgeflacht ist (Zwiebelscheibe). Fleischige Schuppenblätter und die kurze Sprossachse bilden zusammen eine Zwiebel. Man unterscheidet Schalenzwiebeln und Schuppenzwiebeln, die sich gut an einer quer geschnittenen Zwiebel erkennen lassen. Bei Schalenzwiebeln haben die Blätter eine wie eine Röhre geschlossene Blattscheide, die im Querschnitt wie Ringe erscheinen (z.B. bei der Küchenzwiebel – *Allium cepa*). Bei Schuppenzwiebeln sind die Blattscheiden nicht röhrig geschlossen, sondern überdecken sich dachziegelartig (z.B. bei der Türkenbund-Lilie – *Lilium martagon*). Zwischen beiden Formen gibt es aber auch Übergangsformen.

Zwiebeln kommen fast nur bei Einkeimblättrigen Pflanzen und dort hauptsächlich bei Lilien-Verwandten vor. Ein Beispiel für die sehr seltene Zwiebelbildung bei Zweikeimblättrigen Pflanzen ist die Zwiebel-Zahnwurz *(Dentaria bulbifera)*.

Die folgende Tabelle gibt für die in diesem Buch behandelten Arten die Lebensform und die Art des unterirdischen Speicherorgans an.

Die Angaben zu den Lebensformen sind aus Ellenberg et al. (1991) entnommen. Bei einigen Arten lässt sich die Lebensform nicht eindeutig den Geophyten oder den Hemikryptophyten zuordnen. Dann sind beide Lebensformen angegeben. Bei der Betrachtung der Lebensformen muss man bedenken, dass diese Einteilung künstlich ist. Es ist der Versuch des Menschen, Ordnung in die komplizierten Vorgänge der Natur zu bringen. Die Natur aber lässt sich nicht immer so leicht in ein Schema pressen und liefert immer wieder Beispiele für Übergangsformen.

Tab. 2: Übersicht über Lebensformen und Speicherorgane der Frühblüher.

deutscher Name	wissenschaftlicher Name	Lebensform	Speicherorgan
Busch – Windröschen	*Anemone nemorosa*	Geophyt	Rhizom
Gelbes Windröschen	*Anemone ranunculoides*	Geophyt	Rhizom
Sumpfdotterblume	*Caltha palustris*	Hemikryptophyt	Rhizom
Winterling	*Eranthis hyemalis*	Geophyt	Hypokotylknolle
Stinkende Nieswurz	*Helleborus foetidus*	krautiger Chamaephyt	Rhizom
Grüne Nieswurz	*Helleborus viridis*	Hemikryptophyt	Rhizom
Leberblümchen	*Hepatica nobilis*	Hemikryptophyt	Rhizom
Scharbockskraut	*Ranunculus ficaria*	Geophyt	Wurzelknolle
Hohler Lerchensporn	*Corydalis cava*	Geophyt	Hypokotylknolle
Gefingerter Lerchensporn	*Corydalis solida*	Geophyt	Hypokotylknolle
Haselwurz	*Asarum europaeum*	Geophyt, Hemikryptophyt	Rhizom
Wechselblättriges Milzkraut	*Chrysosplenium alternifolium*	Hemikryptophyt	Rhizom
Gegenblättriges Milzkraut	*Chrysosplenium oppositifolium*	Hemikryptophyt	Rhizom
Wald-Erdbeere	*Fragaria vesca*	Hemikryptophyt	Rhizom
Frühlings-Fingerkraut	*Potentilla tabernaemontani*	Hemikryptophyt	Rhizom
Frühlings-Platterbse	*Lathyrus vernus*	Geophyt, Hemikryptophyt	Rhizom
Wald-Sauerklee	*Oxalis acetosella*	Hemikryptophyt	Rhizom
Wald-Bingelkraut	*Mercurialis perennis*	Geophyt, Hemikryptophyt	Rhizom
Gewöhnlicher Seidelbast	*Daphne mezereum*	Nanophanerophyt	Holzkörper
März-Veilchen	*Viola odorata*	Hemikryptophyt	Rhizom
Wald-Veilchen	*Viola reichenbachiana*	Hemikryptophyt	Rhizom

deutscher Name	wissenschaftlicher Name	Lebensform	Speicherorgan
Knoblauchrauke	*Alliaria petiolata*	Hemikryptophyt	Rhizom
Wiesen-Schaumkraut	*Cardamine pratensis*	Hemikryptophyt	Rhizom
Zwiebel-Zahnwurz	*Dentaria bulbifera*	Geophyt	Rhizom
Hohe Schlüsselblume	*Primula elatior*	Hemikryptophyt	Rhizom
Wiesen-Schlüsselblume	*Primula veris*	Hemikryptophyt	Rhizom
Kleines Immergrün	*Vinca minor*	Chamaephyt	Holzkörper
Waldmeister	*Galium odoratum*	Hemikryptophyt	Rhizom
Moschuskraut	*Adoxa moschatellina*	Geophyt	Rhizom, Schuppenblätter
Echtes Lungenkraut	*Pulmonaria officinalis*	Hemikryptophyt	Rhizom
Schuppenwurz	*Lathraea squamaria*	Geophyt	Rhizom, Schuppenblätter
Gefleckte Taubnessel	*Lamium maculatum*	Hemikryptophyt	Rhizom
Gemeine Pestwurz	*Petasites hybridus*	Geophyt, Hemikryptophyt	Rhizom
Huflattich	*Tussilago farfara*	Geophyt	Rhizom
Bär-Lauch	*Allium ursinum*	Geophyt	Zwiebel
Maiglöckchen	*Convallaria majalis*	Geophyt	Rhizom
Wald-Gelbstern	*Gagea lutea*	Geophyt	Zwiebel
Dolden-Milchstern	*Ornithogalum umbellatum*	Geophyt	Zwiebel
Einbeere	*Paris quadrifolia*	Geophyt	Rhizom
Vielblütige Weißwurz	*Polygonatum multiflorum*	Geophyt	Rhizom
Zweiblättriger Blaustern	*Scilla bifolia*	Geophyt	Zwiebel
Schneeglöckchen	*Galanthus nivalis*	Geophyt	Zwiebel
Märzenbecher	*Leucojum vernum*	Geophyt	Zwiebel
Aronstab	*Arum maculatum*	Geophyt	Rhinzomknolle

8 Botanische Pflanzennamen und ihre Geschichte

Bei der Darstellung der einzelnen Frühblüher in Kap. 9 wird häufig auf die Herleitung der Pflanzennamen eingegangen. Sowohl die botanischen als auch die deutschen, volkstümlichen Pflanzennamen geben oftmals wichtige Hinweise auf morphologische Besonderheiten oder auffällige Lebensformen. Besonders bei den Frühblühern beziehen sich viele Pflanzennamen auf die frühe Blütezeit. In diesem Kapitel werden daher einige Grundlagen zu den botanischen Pflanzennamen kurz dargestellt (s. auch Genaust 1996, Müller 2005, Sauerhoff 2003).

Der Aufbau des Pflanzensystems und die heute übliche Benennung der Pflanzenarten gehen in ihren Ursprüngen auf Carl von Linné zurück, einen schwedischen Naturforscher des 18. Jahrhunderts. Das von ihm aufgestellte System ordnet die Pflanzen nach der Anzahl und der Ausbildung der Fortpflanzungsorgane, also der Staub- und Fruchtblätter. Diese Einteilung entspricht nicht mehr der heutigen Auffassung von einer natürlichen Ordnung des Pflanzenreichs. Bei den aktuellen Gliederungen versucht man, die natürlichen Verwandtschaftsverhältnisse zu berücksichtigen. Alle erfassbaren Merkmale werden in diese Betrachtungen einbezogen. Ein derartiges System kann nie abgeschlossen sein, sondern muss – sobald neue Daten oder Erkenntnisse vorliegen – eventuell revidiert werden.

Bis auf den heutigen Tag unverändert erhalten geblieben ist aber die binäre Nomenklatur des Carl von Linné, also die Benennung von Pflanzen- und Tierarten mit zwei lateinischen oder latinisierten Wörtern. Das erste bezeichnet die Gattung und wird immer großgeschrieben, das zweite benennt die Art und wird kleingeschrieben. Auch vor Linné finden sich in der Literatur schon Benennungen von Pflanzen mit zwei Namen, die sogar z.T. bis heute gültig sind. Diese Namen waren aber in kein System eingebettet. Man gab den Pflanzen damals mit dem Namen eine Art Kurz-Steckbrief, der stichwortartige Angaben zum Habitus oder zu anderen Eigenschaften enthält. Die große Leistung Linnés war die Einführung und die konsequente Durchführung der binären Nomenklatur für die gesamte belebte Welt und die Einordnung der Arten in ein Gesamtsystem.

Die Gattungsnamen entstammen in den meisten Fällen der griechischen Sprache, es gibt aber auch viele Beispiele für Gattungsnamen lateinischer Herkunft. Weiterhin können sie aus latinisierten volkstümlichen Namen, Personennamen oder Phantasienamen gebildet werden. LINNÉ übernahm bei seiner Benennung der damals bekannten Arten viele Bezeichnungen aus dem Altertum, vertauschte jedoch oft Namen.

Eine Art wird immer durch den Gattungsnamen und ein zweites Wort, das sog. Artepitheton, benannt. Die Epitheta sind sprachlich immer als Adjektive aufzufassen (die Gattungsnamen dagegen als Substantive). In Bezug auf die sprachliche Herkunft gilt für die Artnamen dasselbe wie für die Gattungsnamen. Inhaltlich beschreiben die Artnamen Farbe, Form oder Geruch der Pflanze, sie geben Informationen zur Jahreszeit, zur Lebensdauer, zur geographischen Verbreitung, zur Verwendung oder zur Ökologie, sie können aber auch auf Ähnlichkeiten zu anderen Arten oder Gattungen hinweisen oder von Personen abgeleitet sein.

Neben dem wissenschaftlichen Namen, der für eine eindeutige Bezeichnung zwingend erforderlich ist, gibt es immer einen oder mehrere volkstümliche Namen in der Landessprache (s. CARL 1957, MARZELL 1943).

9 Vorstellung einzelner Arten

In diesem Kapitel werden die mitteleuropäischen Frühblüher – geordnet nach Familien – einzeln vorgestellt. Der Schwerpunkt der Darstellung liegt dabei auf morphologischen und ökologischen Besonderheiten, die sich z.T. auch im Pflanzennamen wiederfinden. Weitere Informationen zu den vorgestellten Arten sind z.B. in Aichele & Schwegler (2004), Düll & Kutzelnigg (2005), Hegi (1906), Kremer (1992) und Sebald et al. (1999) enthalten.

9.1 Hahnenfußgewächse (Ranunculaceae)

Hahnenfußgewächse sind weltweit verbreitet. Der überwiegende Teil der etwa 2.000 Arten, die sich auf rund 70 Gattungen verteilen, kommt in den kühl- und kaltgemäßigten Zonen der Nordhalbkugel der Erde vor. Im Wesentlichen sind es krautige Arten, seltener treten auch strauchartige Wuchsformen und holzige Kletterpflanzen auf, wie z.B. unsere heimische Gewöhnliche Waldrebe *(Clematis vitalba)*.

Die wirtschaftliche Bedeutung der Familie ist nur gering, obwohl sie von großem botanischem Interesse ist. Viele Gattungen enthalten Arten, die sich gut als Gartenpflanzen eignen (z.B. Eisenhut – *Aconitum*, Christophskraut – *Actaea*, Adonisröschen – *Adonis*, Windröschen – *Anemone*, Akelei – *Aquilegia*, Schmuckblume – *Callianthemum*, Dotterblume – *Caltha*, Silberkerze – *Cimicifuga*, Waldrebe – *Clematis*, Rittersporn – *Consolida* und *Delphinium*, Winterling – *Eranthis*, Nieswurz – *Helleborus*, Leberblümchen – *Hepatica*, Schwarzkümmel – *Nigella*, Küchenschelle – *Pulsatilla*, Hahnenfuß – *Ranunculus*, Wiesenraute – *Thalictrum*, Trollblume – *Trollius*). Viele Gattungen sind giftig, manche sind sehr giftig (z.B. *Aconitum*, *Adonis*, *Consolida*, *Delphinium*, *Helleborus*). Alle giftigen und sehr giftigen Hahnenfußgewächse sind bei richtiger Dosierung auch wertvolle Arzneipflanzen. Arzneilich verwendet werden heute nur noch *Aconitum* als Betäubungs- oder Schmerzmittel und *Adonis* als herzwirksames Mittel.

Hahnenfußgewächse sind entwicklungsgeschichtlich eine sehr alte Familie mit vielen ursprünglichen Merkmalen. Charakteristisch für viele Vertreter dieser Familie sind die als Honigblätter oder Nektarblätter ausgebildeten

Staubblätter oder Kronblätter. Die Nektarblätter können in vielerlei und zum Teil komplizierter Gestalt auftreten. Gemeinsam ist ihnen eine kleine Honigdrüse, die meist am Grund des Blattes liegt und von einer Schuppe überdeckt wird. Entwicklungsgeschichtlich gesehen handelt es sich vermutlich um umgewandelte Staubblätter, die zuckerartigen Nektar abgeben. In der Gestalt können sie sowohl Staubblättern als auch Kronblättern gleichen. Bei vielen Hahnenfuß-Arten z.B. sind die gelben Honigblätter wie Kronblätter entwickelt. Der obere Abschnitt glänzt wie lackiert, der untere ist matt. Nektar wird in einer kleinen Drüse produziert, die auch ohne Lupe gut zu erkennen ist: dazu muss man z.B. beim Scharfen Hahnenfuß *(Ranunculus acris)* oder beim Kriechenden Hahnenfuß *(R. repens)* eines der gelben »Kronblätter« herausziehen und den Blattgrund betrachten.

Unter den Hahnenfußgewächsen gibt es sehr viele Frühblüher.

Busch-Windröschen *(Anemone nemorosa)*

Tafel 2a

Die Windröschen verdanken ihren Namen der zarten Gestalt – schon beim leisesten Windhauch schwanken sie heftig hin und her, während andere Pflanzen sich allenfalls sanft wiegen. So kann auch der wissenschaftliche Gattungsname gedeutet werden: »anemos« ist das griechische Wort für Wind.

Das Busch-Windröschen wächst in vielen Laubwäldern, schwerpunktmäßig in Buchen- und Hainbuchenwäldern, aber auch in nicht zu nassen Erlenwäldern. Im Bergland kann man es in mageren Bergwiesen finden. Mit Ausnahme großer Teile von Spanien, Italien und Griechenland kommt es in ganz Europa vor. In Deutschland ist es überall verbreitet. Das Busch-Windröschen ist einer unserer auffälligsten Frühblüher. Es ist weit verbreitet und stellt an die Bodenbedingungen nur geringe Ansprüche. Es kommt auf Kalk, Lehm und Sand vor. Die Wuchsorte müssen allerdings schattig und dürfen nicht zu trocken sein. In der Blütezeit, die sich vom März bis in den Mai erstreckt, fallen die hellen, bis 4cm großen Blüten stark auf.

Die Blüten des Busch-Windröschens stehen einzeln auf einem mehr oder weniger langen Stiel und überragen die Laubblätter deutlich. In flächigen Beständen ragen die gestielten Blüten aus dem geschlossenen Blätterdach empor. Die Blütenblätter sind weiß bis rötlich-violett gefärbt, besonders die Unterseite ist oft rötlich überlaufen. In der Regel sind es sechs Blütenblätter, sehr selten findet man auch weniger oder mehr. Blütenbesuchenden Insekten bietet das Busch-Windröschen Pollen an, aber keinen Nektar. Bei den Blüten kann man nicht zwischen Kelch- und Kronblättern unterscheiden, man spricht von einem Perigon.

Das Busch-Windröschen bildet zwei Arten von Laubblättern. Gewöhnlich beachtet man nur die drei Blätter, die an jedem Blütentrieb auf der gleichen Höhe stehen. Sie sind etwa 1-2cm gestielt. Bei genauem Hinsehen stehen sie allerdings übereinander, wir haben es hier mit einem sog. Scheinquirl zu tun. Jedes einzelne dieser Blätter ist aus fünf Teilblättchen zusammengesetzt, die wie bei einer Hand fingerförmig in einem Punkt zusammenlaufen. Daneben findet man am Grund des Blütentriebes häufig ein weiteres, langgestieltes Laubblatt, das in seiner Gestalt den drei Stängelblättern ähnelt.

Abb. 4: Blütentrieb des Busch-Windröschens mit drei scheinbar quirlständigen Laubblättern. Daneben sind die Blattformen eines stängelständigen und eines grundständigen Blattes abgebildet. [aus: Troll 1954 S. 82]

Beim Busch-Windröschen übernimmt das Rhizom die Funktion eines Speicherorganes. Das Rhizom wächst unterirdisch horizontal, zur Blütezeit wächst es jedoch in vertikaler Richtung, durchbricht die Erdoberfläche und bildet den oberirdischen Blütentrieb mit den drei Laubblättern. Mit der Blüte ist der Trieb abgeschlossen und wächst nicht mehr weiter. Das Rhizom wächst unter der Erde weiter. Aus der Achsel eines Niederblattes, das genau an der Stelle sitzt, an der das Rhizom in den vertikalen Wuchs übergegangen ist, treibt ein Seitenspross aus und wächst in horizontaler Richtung weiter.

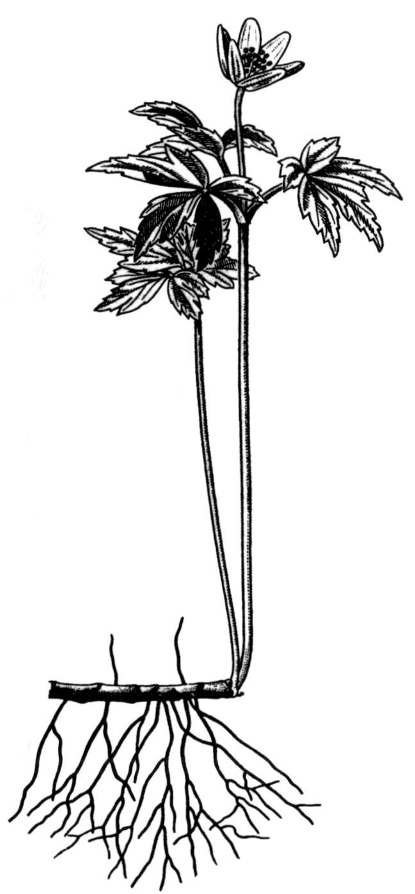

Abb. 5: Rhizom des Busch-Windröschens mit Blütentrieb und grundständigem Laubblatt. [aus: Troll 1954 S. 219]

Gelbes Windröschen *(Anemone ranunculoides)*

Tafel 3a; Tafel 10a

Das Gelbe Windröschen unterscheidet sich nicht nur durch die dotter- oder schwefelgelbe Blütenfarbe vom Busch-Windröschen. Die Blüten haben meist fünf Blütenblätter und stehen einzeln oder zu zweit (selten noch mehr). Die Ähnlichkeit der Blüten mit einer Hahnenfuß-Blüte wird nicht nur beim Hinschauen, sondern auch im wissenschaftlichen Namen deutlich: »ranunculoides« stammt von dem Gattungsnamen *Ranunculus* – Hahnenfuß.

Die Stängelblätter sind im Unterschied zum Busch-Windröschen nur ganz kurz gestielt. Im blütenlosen Zustand lassen sie sich gut von den deutlich gestielten Stängelblättern des Busch-Windröschens unterscheiden.

Das Gelbe Windröschen braucht etwas mehr Bodenfeuchte als das Busch-Windröschen und bevorzugt Kalk-Standorte. Es kommt vor allem in Erlen- und Hainbuchenwälder, aber auch in grundfeuchten, tiefgründigen Buchenwäldern vor. Das Verbreitungsgebiet des Gelben Windröschens ist ähnlich wie das des Busch-Windröschens, es fehlt allerdings auf den Britischen Inseln.

Tab. 3: Unterschiede der beiden frühblühenden Windröschen-Arten.

Merkmal	Busch-Windröschen *(Anemone nemorosa)*	Gelbes Windröschen *(Anemone ranunculoides)*
Blütenfarbe	weiß	gelb
Perigonblätter	meist sechs	fünf
Blütenstand	Blüten einzeln	Blüten einzeln oder zu zweit
Stängelblätter	1-2cm gestielt	sehr kurz gestielt
Standorte	auf vielen Standorten (Kalk, Lehm, Sand)	bevorzugt Kalkstandorte

Sumpfdotterblume *(Caltha palustris)*

Tafel 3b; Tafel 10e

Die Sumpfdotterblume, die ihren Namen von den kräftig gelb gefärbten Blüten erhielt, kommt von Natur aus in Bruch- und Auenwäldern, Quellbereichen und Röhrichtflächen vor. In der historischen Kulturlandschaft fand sie auch gute Lebensbedingungen in feuchten Wiesen und wurde so eine Charakterpflanze der mitteleuropäischen Feuchtwiesen, die manchmal auch Sumpfdotterblumen-Wiesen genannt werden. Mit dem Rückgang der Feuchtwiesen seit den 1950er Jahren wurde sie mehr und mehr auf Randstrukturen verdrängt. Heute findet man sie in der Kulturlandschaft vor allem in Gräben, solange sie feucht und nährstoffreich genug sind. Auf die Vorliebe für nasse Standorte weist der wissenschaftliche Artname hin (lateinisch »paluster« = sumpfig).

Wenn sie nicht zu stark von anderen Pflanzen überwachsen ist, bildet die Sumpfdotterblume halbkugelige Formen aus. Dies kommt dadurch zustande, dass die unteren Grundblätter groß und lang gestielt sind; je weiter oben an der Pflanze die Blätter sitzen, desto kleiner und kürzer gestielt sind sie. Durch diese besondere Wuchsform können alle Blätter von den Sonnenstrahlen erreicht werden. Die Blätter der Sumpfdotterblume sind herzförmig und glänzen auf der Oberseite. Die Stängel sind hohl, ein Merkmal, das viele Sumpf- und Wasserpflanzen haben.

Früher wurde die Sumpfdotterblume arzneilich angewendet. Wegen der gelben Blütenfarbe glaubte man, dass sie gegen Gelbsucht helfen müsse. Obwohl die Pflanze – wie die meisten Hahnenfußgewächse – giftig ist, wurden früher gelegentlich die Blätter als Salat und die in Essig eingelegten Knospen als Kapern-Ersatz verwendet. Wegen ihrer Giftigkeit wird die Pflanze vom Weidevieh nicht gefressen. In speziellen Nektarbehältern am Grund der Fruchtknoten produziert die Sumpfdotterblume Nektar, der blütenbesuchenden Fliegen und Käfern als Nahrung dient.

Die Blütezeit der Sumpfdotterblume liegt in den Monaten März und April. Die Blätter bleiben nach der Blütezeit noch mehrere Monate erhalten und bilden Speicherstoffe für den Austrieb im Folgejahr. Als Speicherorgan dient ein kräftiges, vielköpfiges Rhizom.

Das Verbreitungsgebiet der Sumpfdotterblume umfasst ganz Europa sowie die gemäßigten und nördlichen Teile von Asien und Amerika. Diese Verbreitung nennt man zirkumpolar, d.h. das Verbreitungsgebiet liegt zusammenhängend und ringförmig geschlossen auf den nördlichen Kontinenten.

Winterling *(Eranthis hyemalis)*

Tafel 4a; Tafel 10f

Der Winterling ist in Südeuropa heimisch, verwildert aber in Mittel- und Westeuropa sowie in Nordamerika vielfach aus der Kultur und kommt dann bisweilen auch eingebürgert vor. In der Umgebung von Schlössern, alten Burgen, Klöstern und botanischen Gärten kann man den Winterling auf lockeren, tiefgründigen Böden antreffen. Von hier hat er sich in Parkanlagen, Wein- und Obstgärten, Hecken und Gebüschen ausgebreitet.

Nach der frühen Blütezeit – der Winterling ist die erste Frühlingspflanze in unseren Gärten – hat die Pflanze ihren deutschen und wissenschaftlichen Namen. »Er« ist das griechische Wort für Frühling, »anthemon« bedeutet Blume und »hyemalis« leitet sich vom lateinischen »hiems« = Winter ab. *Eranthis hyemalis* kann man also übersetzen: »Frühlingsblume im Winter«.

Die vorne abgerundeten, gelben Blütenblätter stehen meist zu sechst in einer Blüte. Ähnlich wie beim Busch-Windröschen gibt es je Blütentrieb eine Endblüte und drei Laubblätter, die in einem Quirl unter der Blüte stehen. Im Unterschied zum Busch-Windröschen sitzt die Blüte hier aber direkt über den handförmig geteilten Laubblättern. Nach der Blüte setzen die Laubblätter ihr Wachstum fort. Darauf beruht der völlig veränderte Eindruck, den abgeblühte Bestände des Winterlings gegenüber blühenden machen.

Zwischen den gelben Blütenblättern (= Kelchblätter) und den Staubblättern sitzen noch sechs becherförmige Nektarblätter (= Kronblätter) mit kurzer Oberlippe und etwas längerer Unterlippe. Die Blüten werden von Fliegen und Bienen aufgesucht. Der Nektar ist aber nur Bienen zugänglich, weil dafür ein langer Rüssel erforderlich ist. Nektarblätter und Staubblätter duften leicht.

Das Speicherorgan des Winterlings ist eine Knolle. Sie ist eine Verdickung der untersten beiden Abschnitte der Sprossachse, des Hypokotyls und des Epikotyls. Aus dieser Knolle treiben im Frühjahr – ähnlich wie beim Busch-Windröschen – ein Blütentrieb und ein grundständiges Laubblatt aus. Die Knolle stirbt nach dem Austrieb nicht ab, sondern wächst weiter, d.h. sie wird von Jahr zu Jahr immer dicker. Mit zunehmendem Alter (d.h. etwa nach 5-6 Jahren) sterben die ältesten Teile der Knolle ab und es entsteht eine nach unten offene Höhle. Eine ähnliche Entwicklung der Knollen gibt es beim Hohlen Lerchensporn *(Corydalis cava)*. Beim Winterling können allerdings an älteren Knollen Seitentriebe auswachsen, die am Grund ebenfalls verdickt sind und mit der Hauptknolle ein verzweigtes knolliges Gebilde ergeben.

Grüne Nieswurz *(Helleborus viridis)*

Die Grüne Nieswurz wurde früher vielfach als Heilpflanze kultiviert. Von diesen Gärten aus konnte sie an vielen Stellen verwildern. Von Natur aus kommt sie in Mittel- und Westeuropa vor und ist ursprünglich eine Pflanze von nährstoff- und auch basenreichen Buchen- und Hainbuchenwäldern.

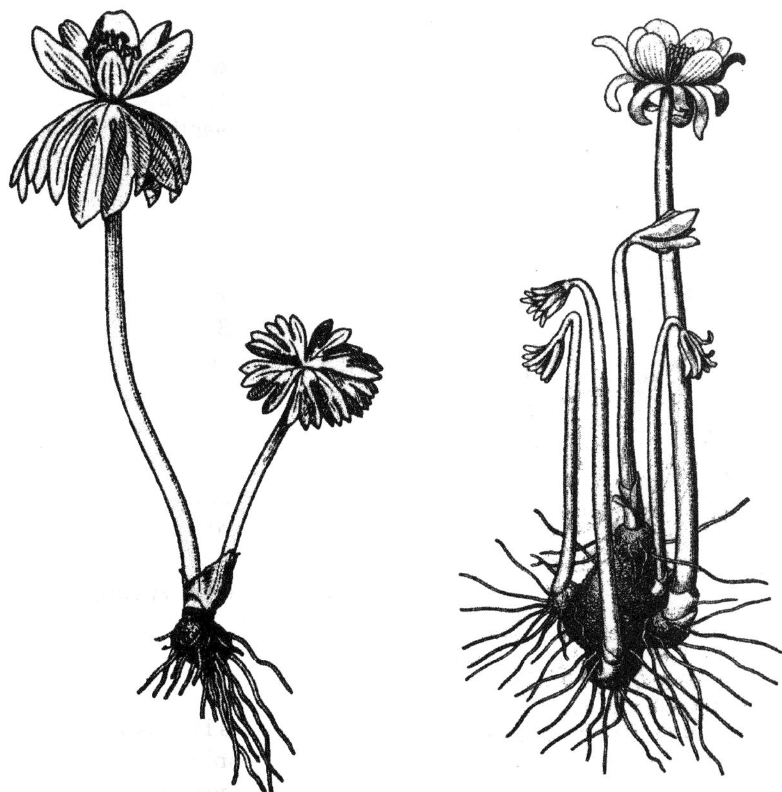

Abb. 6: Knolle des Winterlings mit Blütentrieb und grundständigem Laubblatt. [aus: TROLL 1954 S. 234]

Abb. 7: Ältere Knolle des Winterlings mit einem Blütentrieb und mehreren nicht blühenden Seitensprossen. [aus: TROLL 1935 S. 760]

Der wissenschaftliche Gattungsname Helleborus ist sehr alt und stammt von dem lateinischen Pflanzennamen »elleborus« ab, der ganz unterschiedliche Arten mit ähnlicher medizinischer Wirkung zusammenfasste. Diese Pflanzen (z.B. der Weiße Germer – *Veratrum album* oder die Schwarze Nieswurz – *Helleborus niger*) sollten gegen psychische Erkrankungen helfen, wogegen auch das Niesen helfen sollte (daher der deutsche Gattungsname).

Der Name viridis bezieht sich auf die grasgrünen, großen Kelchblätter der Pflanzen (lateinisch »viridis« = grün). Ähnlich wie beim Winterling übernehmen auch bei der Grünen Nieswurz Kelchblätter die Schaufunktion bei den Blüten. In den kleinen, eingerollten Kronblättern wird Nektar produziert.

Die Staubblätter sind viel länger als die Kronblätter. Mit ihren gelben Staubbeuteln fallen sie gegenüber den übrigen Blütenteilen stark auf, die alle grün gefärbt sind.

In Mitteleuropa kommen noch zwei weitere, ebenfalls frühblühende Nieswurz-Arten vor. Die Stinkende Nieswurz *(Helleborus foetidus* Tafel 5,f) erreicht in Mitteleuropa die Ostgrenze ihrer natürlichen Verbreitung. Sie stammt ursprünglich aus West- und Südeuropa, verwildert aber auch aus Gartenkulturen. Die Schwarze Nieswurz *(Helleborus niger)* ist in den Buchenwäldern der Ostalpen heimisch. Sie wird häufig als Zierpflanze in Gärten gepflanzt.

Nach der Bundesartenschutzverordnung sind alle Nieswurz-Arten gesetzlich besonders geschützt, sie dürfen also nicht abgepflückt oder auf andere Weise beschädigt werden.

Tab. 4: Unterschiede der beiden frühblühenden Nieswurz-Arten.

Merkmale	Grüne Nieswurz *(Helleborus viridis)*	Stinkende Nieswurz *(Helleborus foetidus)*
Blüten	grün, 1-3cm Durchmesser, leicht nickend bis aufrecht, nicht riechend	grün, 4-5cm Durchmesser, nickend, unangenehm riechend
Laubblätter	nicht überwinternd	überwinternd
Grundblätter	vorhanden	nicht vorhanden, d.h. Laubblätter alle stängelständig
Sprosse	wenig beblättert	stark beblättert

Leberblümchen *(Hepatica nobilis)*

Tafel 7a; Tafel 11e

Das Leberblümchen kommt in weiten Teilen Deutschlands vor. Im Westen wird es seltener. Im nordwestdeutschen Tiefland und in den mittel- und oberrheinischen Silikatgebirgen fehlt es weitgehend. In den Kalkgebirgen ist es häufig, es kommt aber auch auf lehmigen Standorten vor. Im Sommer benötigt es viel Wärme, weswegen es besonders zahlreich in lichten Wäldern auftritt (z.B. in Niederwäldern). Blütezeit des Leberblümchens ist im März und April, in höheren Lagen auch noch im Mai und Juni.

Aufgrund der charakteristischen Blütenfarbe und der Blattform kann es mit keiner anderen heimischen Pflanze verwechselt werden. Vor den himmelblauen Blütenblättern fallen besonders die fast weißen Staubbeutel an den roten Staubfäden auf. Bei Nacht und Regenwetter schließen sich die Blüten, bei Tageslicht und schönem Wetter öffnen sie sich weit. Sie locken vor allem

Abb. 8: Schema der Blattfolge beim Leberblümchen, zwei Jahrgänge umfassend. [aus: TROLL 1935 S. 235]

Käfer und Bienen an, die hier Pollen suchen. Nektar wird in den Blüten nicht gebildet. Nach etwa acht Tagen Blütezeit fallen die blauen Blütenblätter ab. Drei kleine Hochblätter bleiben stehen und umschließen die heranwachsenden Früchte. Bei der Fruchtreife neigen sich die Stiele zu Boden. Die Früchte werden häufig von Ameisen verschleppt, da sie ölhaltiges Gewebe enthalten, das von den Ameisen als Vorrat genutzt wird.

Die dreilappigen Laubblätter des Leberblümchens erinnern an die ebenfalls lappige Säugetierleber. Entsprechend der mittelalterlichen Signaturenlehre galten die Inhaltsstoffe mehrerer leberähnlicher Pflanzen (z.B. auch der Lebermoose) als Mittel gegen Leberleiden. Der wissenschaftliche Gattungsname geht ebenfalls auf die Blattform zurück (griech. »hepar«, »hepatos« = Leber). Das Artepitheton nobilis stammt aus dem Lateinischen. Er bedeutet edel, vornehm und bezieht sich auf die vermeintliche Heilkraft der Pflanze.

Leberblümchen sind wintergrün. Die Blätter, die im Winter und während der Blüte zu sehen sind, stammen aus dem Vorjahr. Sie sind lederig, oben schmutzig-grün und unten oft violett gefärbt. Die neuen Blätter erscheinen erst nach der Blüte, sie heben sich gegen die alten durch ihre frische grüne Farbe ab.

Die Blattfolge ist beim Leberblümchen jedes Jahr gleich. Zuerst werden am Rhizom einige schuppenförmige Niederblätter gebildet. In den Achseln dieser Niederblätter stehen die Blüten. Später erscheinen dann noch mehrere Laubblätter, die bis zum folgenden Frühjahr erhalten bleiben. Im nächsten Frühjahr beginnt die Blattfolge von vorn. Inmitten der Laubblätter aus dem Vorjahr entspringen die Blüten aus den Achseln der früh im Jahr gebildeten Niederblätter, danach kommen dann erst wieder die neuen Laubblätter.

Nach der Bundesartenschutzverordnung sind Leberblümchen gesetzlich geschützt, sie dürfen also nicht abgepflückt oder auf andere Weise beschädigt werden.

Scharbockskraut *(Ranunculus ficaria)*

Tafel 3c; Tafel 10c

Das Scharbockskraut ist einer unserer häufigsten Frühblüher. Im Frühjahr bildet es dichte, gelb blühende Teppiche aus. Im Sommer findet man dort nur noch kahle Stellen, die Blätter sind bereits ab Mai/Juni verwelkt.

Die Pflanzen begegnen uns in krautreichen Laubwäldern, Gebüschen, Hecken, Obstgärten, Parkanlagen und an Wegrändern. Die Standorte müssen etwas schattig und ausreichend mit Wasser und Nährstoffen versorgt sein. Das Scharbockskraut gilt als Lehm- und Nährstoffzeiger. Mit Ausnahme einiger entlegener Inselgruppen kommt es fast in ganz Europa vor. Ins nordöstliche Nordamerika wurde es eingeschleppt.

Neuerdings wird das Scharbockskraut zur Gattung *Ranunculus* - Hahnenfuß gestellt. In älteren Büchern findet man es unter der Gattung *Ficaria*. Der Name Hahnenfuß begegnet uns schon in Kräuterbüchern des 16. Jahrhunderts. Er bezieht sich auf die handförmig geteilten Blätter, die im Umriss einem Vogelfuß ähneln. Der wissenschaftliche Gattungsname *Ranunculus* bedeutet korrekt übersetzt kleiner Frosch (lateinisch »rana« = Frosch). Er verweist auf die feuchten Standorte vieler Hahnenfuß-Arten, wo sie in Gemeinschaft mit Fröschen vorkommen.

Die fettglänzenden, gelben Blüten des Scharbockskrauts ähneln denen der anderen Hahnenfuß-Arten. Bei den Zahlen der Blütenblätter gibt es allerdings Abweichungen. Das Scharbockskraut hat drei Kelchblätter und 6-14 Kronblätter, während die übrigen Hahnenfuß-Arten meist fünf Kelch- und fünf Kronblätter haben.

Die dunkelgrünen, fleischigen, glänzenden Blätter des Scharbockskrauts sind bei einigen Exemplaren schwarz gefleckt. Wegen des hohen Gehalts an Vitamin C wurden die Blätter früher als erstes Grün im Frühjahr gegen Skorbut (ein alter Name ist Scharbock) angewendet. Die Blätter können beigemischt zu Salat gegessen werden, allerdings nur in kleinen Mengen. Das in den Blättern enthaltene Protoanemonin ist giftig.

Das Scharbockskraut verbreitet sich nicht nur über Samen, sondern auch durch Brutknöllchen. Diese sog. Bulbillen – weiße, etwa getreidekorngroße Knöllchen – werden nach der Blütezeit in den Blattachseln gebildet, fallen zu Boden und wachsen zu neuen Pflanzen aus. Morphologisch handelt es sich um Seitentriebe, die in ihrem Wachstum gehemmt sind.

Beim Scharbockskraut lohnt ein Blick unter die Erde. Gräbt man ein Exemplar vorsichtig aus, findet man zwei Arten von Wurzeln: verdickte Wurzelknollen und normal ausgebildete Nährwurzeln. Die in Mehrzahl auftretenden Wurzelknollen haben ihre ursprünglichen Funktionen (Wasser- und Nährstoffaufnahme, Befestigung im Boden) verloren und dienen ausschließlich zur Speicherung von Reservestoffen. Nährstoffe aus den großen Wurzelknollen haben den diesjährigen Trieb aufgebaut. Sie werden dadurch aufgebraucht und sterben langsam ab. Die kleinen, etwas helleren Wurzelknollen dienen der Speicherung von Reservestoffen für das nächste Jahr. Im Mai/Juni sind die Reservestoffe für das nächste Jahr bereits aufgebaut, die Blätter beginnen zu welken.

Die primären Wurzelfunktionen werden von fadenförmigen, verzweigten Nährwurzeln übernommen. Wir haben es beim Scharbockskraut mit einem sog. Wurzeldimorphismus zu tun, d.h. es gibt zwei morphologisch verschiedene Wurzeln mit verschiedenen Funktionen.

Die feigenartige Form der Wurzelknollen findet man im wissenschaftlichen Artnamen des Scharbockskrauts: *ficaria* leitet sich von lateinisch »ficus« = Feige ab. Entsprechend der mittelalterlichen Signaturenlehre wurden die fleischigen Wurzelknollen und die Brutknöllchen in den Blattachseln we-

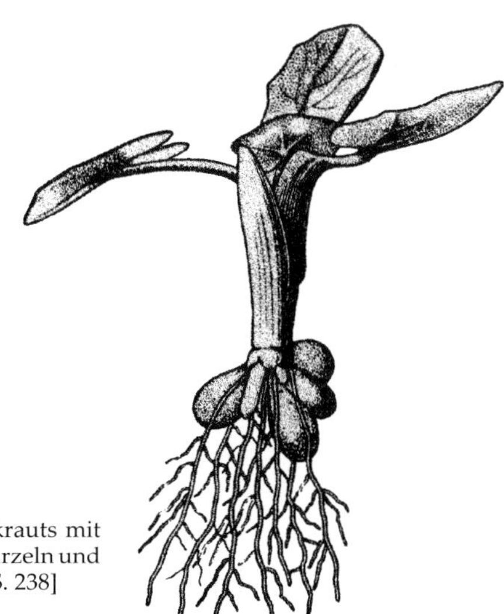

Abb. 9: Junge Pflanze des Scharbockskrauts mit dicken Wurzelknollen, dünnen Nährwurzeln und jungen Laubblättern. [aus: Troll 1954 S. 238]

gen der Ähnlichkeit mit Feigwarzen gegen diese eingesetzt. Im Kräuterbuch des LEONHART FUCHS von 1543 findet man das Scharbockskraut unter dem Namen Feigwarzenkraut (ein anderer alter Name ist Pfaffenhödlein).

9.2 Erdrauchgewächse (Fumariaceae)

Die Familie der Erdrauchgewächse umfasst weltweit etwa 500 Arten, die sich auf 17 Gattungen verteilen. Das Hauptareal bilden die gemäßigten Zonen der Nordhalbkugel. Nur wenige Arten kommen südlich des Äquators in ostafrikanischen Gebirgen und im südlichen Afrika vor. In Mitteleuropa sind zwei Gattungen (Lerchensporn – *Corydalis,* Erdrauch – *Fumaria*) heimisch, beide haben nur wenige Arten. Aus Gärten verwildert gelegentlich eine Zierpflanze, das Tränende Herz *(Dicentra spectabilis)*. Der Gelbe Lerchensporn *(Corydalis lutea)*, der vermutlich ursprünglich in Kalkfelsen im nördlichen Mediterranraum beheimatet war, wird gerne als Zierpflanze an Mauern verwendet. Wo die Winter nicht zu kalt werden, vor allem im innerstädtischen Bereich, kann sich die Pflanze fest etablieren.

Früher wurden die Gattungen und Arten der Erdrauchgewächse zu den Mohngewächsen (Papaveraceae) gerechnet. Da sie aber deutlich erkennbare Unterschiede in der Blütensymmetrie aufweisen, werden sie in neueren Darstellungen getrennt: die Mohngewächse haben Blüten mit einer radiären Symmetrie, die Blüten der Erdrauchgewächse sind zygomorph, d.h. die Blüten haben nur eine Symmetrieebene. Beide Familien sind reich an Alkaloiden.

Charakteristisch für die Erdrauchgewächse ist eine Ausstülpung im Blütenbereich, ein sog. Sporn, der aus einem (wie bei *Corydalis* und *Fumaria*) oder aus zwei Kronblättern gebildet werden kann (wie bei *Dicentra*).

Von den etwa 15 Arten der Erdrauchgewächse, die in Mitteleuropa außerhalb der Alpen vorkommen, sind zwei Lerchensporn-Arten zu den Frühblühern zu rechnen.

Hohler Lerchensporn *(Corydalis cava)*

Tafel 7b; Tafel 12a/b; Titelbild

Der Name *Corydalis* tauchte schon im 16. Jahrhundert auf. Er wurde offenbar für Pflanzen verwendet, die mit dem Erdrauch verwandt sind und einen abstehenden Blütensporn haben, der mit dem Federschopf der Haubenlerche (griech. »korydallis«) verglichen wurde. Der deutsche Name Lerchensporn bezieht sich ebenfalls darauf.

Zur Blütezeit des Hohlen Lerchensporns (März bis Mai) findet man immer eine rotblühende und eine weißblühende Form dicht nebeneinander, meistens sind es mehr rotblühende als weißblühende Exemplare. Es handelt sich aber um dieselbe Pflanzenart. Der Blütenstand ist eine Traube, die gestielten Blüten sitzen also an einer unverzweigten Hauptachse. Jede Einzelblüte steht in der Achsel eines Tragblattes, das beim Hohlen Lerchensporn eiförmig und ganzrandig ist (Unterschied zum Gefingerten Lerchensporn).

Die Blüten haben eine Oberlippe und eine Unterlippe sowie einen waagerecht stehenden Sporn, der am Ende nach unten gekrümmt ist. Sie erinnern in der Gestalt sowohl etwas an die Blüten der Lippenblütler (Lamiaceae) als auch an die der Schmetterlingsblütler (Fabaceae). Im Sporn wird Nektar produziert, der Bienen und Hummeln anlockt. Andere Insekten mit kürzeren Rüsseln können nicht ohne weiteres an den Nektar gelangen. Sie beißen den Sporn am Ende auf und holen sich auf diese Weise den Nektar, ohne einen Beitrag zur Befruchtung zu leisten. In den Früchten, an denen immer noch ein Griffelrest hängt, befinden sich schwarz-glänzende Früchte mit einem weißen Ölkörper (Elaiosom). Die Verbreitung dieser Samen wird von Ameisen übernommen.

Abb. 10: Knolle und Blütentrieb des Hohlen Lerchensporns. Daneben ist die Knolle in Seiten- und Unteransicht, längs durchgeschnitten sowie mit stark erweiterter Höhlenmündung zu sehen. [aus: Troll 1954 S. 232]

An jeder Sprossachse sitzen zwei mehrfach geteilte Laubblätter, die eine blaugrüne Färbung haben. Die Teilung der Blätter nennt man doppelt-dreizählig, d.h. jedes Blatt besteht aus drei Teilblättchen, von denen jedes wiederum aus drei Teilen besteht. Am Grund des Sprosses entspringen außerdem noch 3-6 grundständige Laubblätter.

Das unterirdische Speicherorgan des Hohlen Lerchensporns ist eine Knolle. Diese wird nicht jährlich erneuert – wie z.B. beim Scharbockskraut – sondern wächst von Jahr zu Jahr außen weiter – vergleichbar dem Holzzuwachs mit den Jahresringen bei Bäumen – während die Nährstoffe von innen nach außen abgebaut werden. Die Knolle wird dabei langsam ausgehöhlt, im Alter trichterförmig oder sogar ganz flach. Die Knollen des Hohlen Lerchensporns sind stark giftig. Sie enthalten Alkaloide, die das Zentralnervensystem schädigen. Nicht nur der deutsche Pflanzenname sondern auch der wissenschaftliche Name (lateinisch »cavus« = hohl) beziehen sich auf das hohle Speicherorgan der Art. Bei der Knolle des Hohlen Lerchensporns handelt es sich morphologisch gesehen – ähnlich wie beim Winterling *(Eranthis hyemalis)* - um eine Hypokotylknolle.

Das Verbreitungsgebiet des Hohlen Lerchensporns ist eng mit dem der Rotbuche verbunden. Das Verbreitungszentrum liegt in Mitteleuropa. Er kommt schwerpunktmäßig in Buchenwäldern auf lehmigen und lösshaltigen Böden vor, vor allem im Hügel- und Bergland. Im Tiefland ist die Art etwas seltener. Der Hohle Lerchensporn ist an feuchte und nährstoffreiche Böden gebunden, er kommt oft auf kalkhaltigen Standorten vor.

Gefingerter Lerchensporn *(Corydalis solida)*

Tafel 6a

Der Gefingerte Lerchensporn ist seltener als der Hohle Lerchensporn. Unterschiede zwischen den nahe verwandten Arten sind die kugelige massive Knolle (daher der wissenschaftliche Name, lateinisch »solidus« = fest) und die fingerförmig geteilten Tragblätter am Grund der Blüten.

Beide Arten haben ganz ähnliche Blüten und Blätter. Die beiden stängelständigen Laubblätter sind auch beim Gefingerten Lerchensporn doppelt-dreizählig geteilt. Die Blüten erscheinen nicht ganz so kräftig-rot wie beim Hohlen Lerchensporn, sie wirken eher etwas schmutzig-trüb. Seltener findet man weiße Exemplare.

Der Gefingerte Lerchensporn kommt auch auf weniger basenreichen Standorten vor als der Hohle Lerchensporn. Er bevorzugt Eichen-Hainbuchenwälder, der Hohle Lerchensporn ist dagegen stark an Buchenwälder gebunden. Das Verbreitungszentrum des Gefingerten Lerchensporns liegt in Mittel- und Osteuropa.

Tab. 5: Unterschiede der beiden frühblühenden Lerchensporn-Arten.

Merkmal	Hohler Lerchensporn *(Corydalis cava)*	Gefingerter Lerchensporn *(Corydalis solida)*
Blütenfarbe	rot oder weiß	trüb-rot, selten weiß
Tragblätter der Blüten	ganzrandig	gefingert
Knolle	hohl	massiv
bevorzugte Waldgesellschaft	Buchenwald	Eichen-Hainbuchenwald
Verbreitungsschwerpunkt	Mitteleuropa	Mittel- und Osteuropa

9.3 Osterluzeigewächse (Aristolochiaceae)

Unter den etwa 600 Arten der Osterluzeigewächse, die sich auf ca. 12 Gattungen verteilen, sind auffällig viele windende Lianen. Sie kommen vorwiegend in Wäldern und Gebüschen der tropischen und warmgemäßigten Zone vor. Als Zierpflanzen werden viele Arten der Gattungen Osterluzei *(Aristolochia)* und Haselwurz *(Asarum)* wegen ihrer eigenartig geformten Blüten gezogen. In Mitteleuropa ist nur die Haselwurz *(Asarum europaeum)* heimisch. Die Osterluzei *(Aristolochia clematitis)* stammt aus dem Mittelmeergebiet, als ehemalige Arzneipflanze ist sie aber auch bei uns aus Kulturen verwildert und kommt heute vor allem in den Weinbaugebieten vor.

Die Osterluzeigewächse stehen ziemlich isoliert im natürlichen System der Pflanzen. Mit keiner anderen Pflanzenfamilie sind sie näher verwandt.

Haselwurz *(Asarum europaeum)*

Tafel 5a

Die Haselwurz kommt in verschiedenen Laubwäldern auf kalkhaltigem Untergrund vor. Ihre Verbreitung beschränkt sich auf Mitteleuropa und angrenzende Gebiete.

Die Blattfolge an den Sprossen der Haselwurz ist sehr regelmäßig. Jedes Jahr wachsen zuerst drei (selten vier) wechselständige, schuppenförmige, bräunlichgrüne Niederblätter, auf die nach einem längeren Zwischenstück zwei fast gegenständige, lang gestielte Laubblätter folgen. Sie sind nierenförmig, fühlen sich etwas lederig an und glänzen auf der Oberseite. Der Trieb schließt mit einer einzelnen Blüte ab. Im Folgejahr treibt aus der Achsel eines der beiden Laubblätter ein Seitentrieb aus, der die gleiche Blattfolge hat und wieder mit einer Einzelblüte abschließt. Die Laubblätter werden etwa zwei Jahre alt. Sie sind also im folgenden Winter noch da, man sagt: Die Pflanze ist wintergrün (siehe Leberblümchen).

Die unscheinbaren, leicht nickenden Blüten sind meist unter dem Laub verborgen. Sie haben eine glockig-krugförmige Gestalt, außen sind sie bräunlich, innen dunkelpurpurn gefärbt. Der Rand ist in drei bis vier Zipfel eingeschnitten. Kelch- und Kronblätter können an der Blüte der Haselwurz nicht unterschieden werden, man spricht auch hier von einem Perigon (siehe Busch-Windröschen – *Anemone nemorosa*).

Bisher hat man nur selten Insekten beim Blütenbesuch beobachten können. Die Blüten bestäuben sich selbst. Dies ist leicht möglich, da sich die Staubblätter beim Öffnen ganz nah an die Narben legen. Mit einer Lupe lassen sich die zwölf Staubblätter, die in zwei Kreisen angeordnet sind, sowie die sechs Narbenäste auf dem Fruchtknoten gut erkennen.

Die Samen tragen ein helles, weiches Anhängsel. Dies ist ein Ölkörper, ein sog. Elaiosom. Ameisen fressen diese fettreichen Anhängsel gerne. Sie tragen sie mit dem anhängenden Samen in ihre Baue ein und fördern so die Verbreitung der Haselwurz. Auch andere Arten besitzen ähnliche Ölkörper und werden von Ameisen verbreitet (siehe Leberblümchen – *Hepatica nobilis*, Lerchensporn-Arten – *Corydalis*).

Der deutsche Name Haselwurz wird oft so gedeutet, dass die Pflanze häufig unter Haselsträuchern wächst. Der von LINNÉ bei der Beschreibung der Pflanze verwendete wissenschaftliche Name *Asarum* stammt schon aus der Antike. Auf Grund der Verbreitung der Art ist es ungewiss, ob damit auch unsere heute so genannte Haselwurz gemeint war, denn sie dürfte den Griechen und Römern unbekannt gewesen sein.

Die Haselwurz nutzt ihr Rhizom als Speicherorgan. Ihre Blütezeit liegt in den Monaten März, April und Mai. Durch die versteckte Lage der Blüten unter den großen Laubblättern kann man sie nur sehen, indem man die Laubblätter zur Seite nimmt.

9.4 Steinbrechgewächse (Saxifragaceae)

Die Steinbrechgewächse sind eine große und weit verbreitete Familie. Ihre ca. 30 Gattungen und 700 Arten haben eine nahezu weltweite Verbreitung. Schwerpunkte sind Ostasien, Nordamerika und der Himalaja.

Viele beliebte Zierpflanzen gehören zu den Steinbrechgewächsen, z.B. Astilbe, Bergenia, Tellima und Tiarella. Früher wurden auch die Familien der Hortensiengewächse (Hydrangeaceae) und der Stachelbeergewächse (Grossulariaceae) zu den Steinbrechgewächsen gerechnet. Zu ihnen gehören beliebte Ziersträucher (z.B. Hortensie – *Hydrangea* und Pfeifenstrauch – *Philadelphus*) und Nutzpflanzen (Johannisbeeren und Stachelbeeren – *Ribes*).

Auch viele der etwa 450 Steinbrech-Arten *(Saxifraga)* einschließlich weiterer Hybriden werden in Gärten gepflanzt. Die Wildformen der Gattung *Saxifraga* besiedeln vor allem Gebirge. Häufig handelt es sich um stark spezialisierte Arten. Allein in den Alpen findet man mehr als 40 Steinbrech-Arten. Neben Vertretern der Gattung *Saxifraga* kommen in Mitteleuropa noch zwei Milzkräuter *(Chrysosplenium)* vor, die beide als frühblühende Arten gelten.

Wechselblättriges Milzkraut *(Chrysosplenium alternifolium)*

Tafel 5b

Der Name Milzkraut weist auf die typische Blattform dieser kleinen, unauffälligen Pflanzen hin. Besonders gut zu erkennen ist sie beim Wechselblättrigen Milzkraut. Auch im wissenschaftlichen Gattungsnamen *Chrysosplenium* ist ein Hinweis auf die Blattform enthalten: Das griechische Wort »splen« bedeutet Milz. Die Pflanze wurde im Mittelalter als Heilpflanze gegen Milzbeschwerden eingesetzt.

Beim Wechselblättrigen Milzkraut kann man drei verschiedene Blatt-Typen unterscheiden: relativ große und lang gestielte Grundblätter (Rosettenblätter), 2-3 deutlich kleinere Stängelblätter und mehrere Hochblätter im Bereich des Blütenstandes.

Milzkräuter wachsen immer an kühlen, feuchten und schattigen Standorten. Sie sind häufig an Bachufern, Quellen und Waldgräben sowie in Bruch- und Auenwäldern zu finden. Beide heimischen Arten bilden lockere Rasen. Sie entstehen dadurch, dass die Pflanzen Ausläufer bilden, die sich an den Knoten bewurzeln und so über mehrere Jahre einige Quadratmeter überdecken können. Beim Wechselblättrigen Milzkraut sind die Ausläufer unterirdisch, beim Gegenblättrigen Milzkraut oberirdisch.

Die unscheinbar gelbgrün gefärbten Blüten des Wechselblättrigen Milzkrautes erscheinen von März bis Mai. Sie haben 4 Kelchblätter, 8 Staubblätter und 2 deutlich erkennbare Griffel. Kronblätter fehlen. An einer Pflanze stehen 10-20 Blüten auf einer Ebene zusammen. Der Blütenstand ist eine Trugdolde. Die Blüten werden eingerahmt von gelblichen Hochblättern. Dieser gelbliche Gesamteindruck des Blütenstandes kommt auch im wissenschaftlichen Gattungsnamen zum Ausdruck (griechisch »chrysos« = Gold).

Gegenblättriges Milzkraut *(Chrysosplenium oppositifolium)*

Tafel 5d

Das Gegenblättrige Milzkraut kann auf den ersten Blick leicht mit dem Wechselblättrigen Milzkraut verwechselt werden. Beide bevorzugen auch ähnliche Standorte. Das Gegenblättrige Milzkraut braucht aber etwas mehr Feuchtigkeit.

Morphologisch unterscheidet es sich durch die gegenständige Blattstellung (Name!). Dies ist besonders gut an den 1-2 Blattpaaren zu erkennen, die am Stängel sitzen. Die Blätter zeigen zudem nicht die typische Nierenform wie beim Wechselblättrigen Milzkraut, sie haben eine eher rundliche Form. Ein weiteres Unterscheidungsmerkmal der beiden ähnlichen Arten ist nur bei genauem Hinsehen zu erkennen. Der Stängel des Gegenblättrigen Milzkrautes ist schwach vierkantig, der des Wechselblättrigen Milzkrautes dreikantig.

Das Gegenblättrige Milzkraut blüht außerdem etwas später. Seine Blüten erscheinen erst im April, während das Wechselblättrige Milzkraut bereits im März blüht.

Das Verbreitungsgebiet von *Chrysosplenium oppositifolium* erstreckt sich nur auf Mittel- und Westeuropa. Seine wechselblättrige Verwandte hat eine weitere Verbreitung und kommt nicht nur in Mittel- und Nordeuropa vor, sondern auch in Sibirien, Japan und Nordamerika.

Tab. 6: Unterschiede der beiden frühblühenden Milzkraut-Arten.

Merkmal	Wechselblättriges Milzkraut *(Chrysosplenium alternifolium)*	Gegenblättriges Milzkraut *(Chrysosplenium oppositifolium)*
Blattstellung	wechselblättrig	gegenblättrig
Blattform	nierenförmig	rundlich
Stängel	dreikantig	schwach vierkantig
Standortbedingungen	feucht	feucht bis nass
Blütezeit	März bis Mai	April bis Juni
Verbreitungsgebiet	Mittel- und Nordeuropa, Sibirien, Japan, Nordamerika	Mittel- und Westeuropa
Ausläufer	unterirdisch	oberirdisch

9.5 Rosengewächse (Rosaceae)

Die Rosengewächse sind eine weltweit verbreitete, große Pflanzenfamilie mit sehr vielen holzigen Vertretern. Besonders reich entfaltet hat sich die Familie mit ihren mehr als 100 Gattungen und mehr als 3.000 Arten in den gemäßigten Gebieten auf der Nordhalbkugel der Erde.

Am engsten verwandt sind die Rosengewächse mit den Steinbrechgewächsen (Saxifragaceae), viele Merkmale haben sie auch mit den Hahnenfußgewächsen (Ranunculaceae) gemeinsam. Sie unterscheiden sich von den Hahnenfußgewächsen z.B. durch das Vorkommen von Nebenblättern (Stipeln). Ebenso wie die Hahnenfußgewächse gehören auch die Rosengewächse entwicklungsgeschichtlich zu den ältesten Zweikeimblättrigen Pflanzen.

Die meisten Nutzpflanzen der gemäßigten Zonen, die Beeren-, Kern- oder Steinobst liefern, gehören zu den Rosengewächsen. Die wirtschaftlich mit Abstand wichtigste Gattung ist der Apfel *(Malus)* mit über 2.000 Varietäten. Die zweitwichtigste Gattung ist *Prunus*, zu der Kirschen, Mandeln, Aprikosen und Pflaumen gehören. Weitere nutzbare Früchte der Rosengewächse sind Brombeeren und Himbeeren *(Rubus)*, Birnen *(Pyrus)*, Mispeln *(Mespilus)*, Japanische Mispeln *(Eriobotrya)*, Quitten *(Cydonia)* und Erdbeeren *(Fragaria)*.

Viele Rosengewächse werden als Zierpflanzen kultiviert. An der Spitze stehen mit über 5.000 Sorten die Rosen *(Rosa)*, die wegen ihrer Schönheit und ihres Duftes besonders geschätzt werden. Beliebte Stauden-Gattungen sind auch Frauenmantel *(Alchemilla)*, Nelkenwurz *(Geum)*, Mädesüß *(Filipendula)* und Fingerkraut *(Potentilla)*. Unter den Gehölzen sind noch Felsenbirne *(Amelanchier)*, Japanische Quitte *(Chaenomeles)*, Zwergmispel *(Cotoneaster)*, Kirsche *(Prunus)*, Feuerdorn *(Pyracantha)* und Eberesche *(Sorbus)* zu nennen.

Wald-Erdbeere *(Fragaria vesca)*

Tafel 2b; Tafel 9a

Der wissenschaftliche Gattungsname *Fragaria* geht zurück auf die alte lateinische Bezeichnung »fragum« für die Erdbeere. Das lateinische Wort »vescus« bedeutet verzehrend, abgezehrt und wird in botanischen Pflanzennamen im Sinne von essbar oder genießbar gebraucht. Der deutsche Name Erdbeere zeigt, dass die Früchte dieser Pflanzen oft auf der Erde liegen.

Weltweit hat die Gattung *Fragaria* (je nach Bearbeiter) 20 bis 45 Arten, in Europa kommen drei Wildarten vor (Zimt-Erdbeere – *Fragaria moschata*, Wald-Erdbeere – *F. vesca* und Knackelbeere – *F. viridis*). Genießbar sind die Früchte aller drei Arten, die Früchte der Knackelbeere schmecken allerdings säuerlich und werden daher nur sehr selten gesammelt. Die Früchte der Zimt-Erdbeere und der Wald-Erdbeere sind sehr schmackhaft und wurden vor der Einführung großfrüchtiger Gartenerdbeeren aus Nordamerika zu Beginn des 19. Jahrhunderts in Gärten angebaut.

Im Gartenbau sind heute mehr als 1.500 Kultursorten der Erdbeere bekannt, im Erwerbsobstbau haben sich aber nur wenige ertragreiche Sorten durchgesetzt. Die Gartenerdbeeren stammen von zwei amerikanischen Arten ab, *Fragaria virginiana* und *Fragaria chiloensis*.

Botanisch gesehen handelt es sich bei den Erdbeer-Früchten nicht um Beeren. Bei einer Beere besteht die Fruchtwand völlig aus Fruchtfleisch, in das die Samen eingebettet sind (z.B. wie bei der Stachelbeere). Bei den Erdbeeren handelt es sich dagegen um Sammel-Nussfrüchte. Hier sind mehrere einzelne Nussfrüchte über ein fleischiges Gewebe miteinander verbunden. Das verbindende Gewebe ist Achsengewebe, das nach der Befruchtung stark gewachsen ist und die vorher dicht zusammengelegenen Fruchtblätter auseinandertreibt. Jeder kleine Kern der Erdbeer-Frucht ist eine kleine Nuss, d.h. eine Frucht mit fester Fruchtwand und einem einzigen Samen im Inneren (wie eine stark verkleinerte Frucht der Haselnuss). Die Früchte der Wald-Erdbeere sind viel aromareicher, allerdings nicht ganz so süß wie die der Gartenformen. Sie werden daher gern gesammelt.

Die Blätter der Wald-Erdbeere stehen in einer Rosette zusammen. Jedes Blatt besteht aus drei Teilblättchen, die deutlich gezähnt sind. Erdbeeren haben eine starke vegetative Vermehrung über Ausläufer. Sie entspringen in den Achseln der Rosettenblätter und können über verhältnismäßig große Entfernungen von der Mutterpflanze oberirdisch wegkriechen (im Extremfall bis fast zwei Meter). An ihnen entwickeln sich Tochterpflanzen, die Wurzeln treiben. Die Ausläufer sterben im Winter ab, Mutter- und Tochterpflanze sind dann getrennt.

Die Wald-Erdbeere kommt sowohl in Wäldern als auch an Randstrukturen wie Waldwegen, Waldrändern und Waldlichtungen vor. Sie ist über fast ganz Europa und Sibirien verbreitet. Die nah verwandte Zimt-Erdbeere hat ein ähnliches, aber kleineres Verbreitungsgebiet, sie fehlt in Südwest-Europa und kommt nicht so weit östlich vor wie die Wald-Erdbeere.

Tab. 7: Unterschiede der beiden frühblühenden Erdbeer-Arten.

Merkmal	Wald-Erdbeere *(Fragaria vesca)*	Zimt-Erdbeere *(Fragaria moschata)*
Blütenfolge	Blüten an einer Pflanze nacheinander aufblühend	Blüten an einer Pflanze fast gleichzeitig aufblühend
Blütenzahl	3-6	7-12
Verteilung von Staub- und Fruchtblättern	Blüten zweigeschlechtlich	Blüten unvollkommen eingeschlechtlich
Blattunterseite	anliegend behaart	abstehend behaart
Größe der Pflanze	bis max. 20cm hoch	bis über 30cm hoch

Frühlings-Fingerkraut *(Potentilla tabernaemontani)*

Tafel 3d; Tafel 10b

Das Frühlings-Fingerkraut bildet kleine, lockere Teppiche. Die oberirdischen Sprosse liegen dem Boden auf und sind ausläuferartig verlängert. Sie bewurzeln sich und bilden an diesen Stellen Blattrosetten aus. Die einzelnen Laubblätter sind aus 5-7 eiförmigen, gezähnten Teilblättchen zusammengesetzt, die am Ende des Blattstiels fingerförmig zusammensitzen.

Die hell- bis dunkelgelben Blüten sitzen zu dritt bis zehnt zusammen und entspringen in den Achseln der vorjährigen Blätter. Die Blüten erscheinen bereits im März. Durch diese frühe Blütezeit unterscheidet sich das Frühlings-Fingerkraut von den etwa 20 anderen heimischen Fingerkraut-Arten. Weltweit gibt es ca. 300 davon.

Der wissenschaftliche Name erinnert an einen deutschen Arzt und Botaniker aus dem 16. Jahrhundert. Sein Name war Jakob Theodor Müller, nach seinem Geburtsort in der Pfalz wurde er aber auch Tabernaemontanus genannt (zu lateinisch »Tabernae« = Bad Bergzabern und »mons« = Berg). Ein anderer wissenschaftlicher Name der Pflanze, ein sog. Synonym, lautet *Potentilla verna*. Dieser Name weist auf die frühe Blütezeit hin (lateinisch »ver« = Frühling).

Der Gattungsname *Potentilla* leitet sich vermutlich nicht von lateinisch »potentia« = Macht, Kraft ab, sondern von einer alten Heilpflanze, der Blutwurz *(Potentilla erecta)*, auch Tormentill genannt, die heute zur selben Gattung gerechnet wird wie das Frühlings-Fingerkraut. Carl von Linné ordnete sie noch als *Tormentilla erecta* einer anderen Gattung zu (Herleitung von lateinisch »tormentum« = Schmerz, Qual, wogegen die Pflanze helfen sollte). Der Anlaut »P« scheint von der Gattung *Poterium* (heute: *Sanguisorba* – Wiesenknopf) beeinflusst zu sein. Der Kleine Wiesenknopf *(Sangu-*

isorba minor = Poterium sanguisorba) ist auch ein Rosengewächs und besitzt ähnliche Blätter wie das Gänse-Fingerkraut.

Das Frühlings-Fingerkraut findet man von März bis Mai auf trockenen, nährstoffarmen, aber basenreichen Standorten. Es ist eine licht- und wärmeliebende Art und kommt im Wald nur an Wegen oder Waldrändern vor. Außerhalb des Waldes sieht man die Pflanzen in Trockenrasen, an Straßen, Dammböschungen und Wegrändern. Sein Verbreitungsgebiet umfasst fast ganz Europa mit Ausnahme der weit nördlich gelegenen Gebiete.

9.6 Schmetterlingsblütengewächse (Fabaceae)

Die Schmetterlingsblütengewächse sind nach den Orchideen und den Korbblütlern die drittgrößte Familie des Pflanzenreichs. Ihre etwa 700 Gattungen mit 18.000 Arten sind weltweit verbreitet. Darunter befinden sich Kräuter, Sträucher und Bäume mit ganz unterschiedlichem Habitus.

Ihr Blütenbau ist relativ einheitlich. Die Blüten sind zweiseitig-symmetrisch (zygomorph), d.h. sie haben nur eine Spiegelachse. Die Blütenkrone besteht aus fünf Blättern: Das oberste Blütenblatt wird Fahne genannt, die zwei seitlichen werden als Flügel bezeichnet und die beiden unteren sind zusammengewachsen und bilden das sog. Schiffchen. Typisch sind weiterhin zehn Staubblätter und ein Fruchtblatt. Die charakteristische Fruchtform der Schmetterlingsblütler ist die Hülse.

Die Blätter der Schmetterlingsblütler sind meist gefiedert und tragen Nebenblätter. Fast alle Arten besitzen Wurzelknöllchen, in denen Bakterien enthalten sind. Diese können den freien Luftstickstoff binden und in Stickstoffverbindungen einbauen. Diese günstige Form der Stickstoffversorgung macht die Pflanzen weitgehend unabhängig von der Stickstoffversorgung im Boden und so können Schmetterlingsblütler auch auf relativ nährstoffarmen Böden wachsen.

Die Familie hat eine hohe wirtschaftliche Bedeutung. Für die menschliche Ernährung genutzt werden Erdnuss *(Arachis hypogaea)*, Kichererbse *(Cicer arietinum)*, Sojabohne *(Glycine max)*, Linse *(Lens culinaris)*, Gartenbohne *(Phaseolus vulgaris)*, Gartenerbse *(Pisum sativum)*, Ackerbohne *(Vicia faba)* und noch weitere Arten. Als Grünfutterpflanzen finden Klee-Arten (*Trifolium* spec.) und Luzerne *(Medicago sativa)* Verwendung. Auch viele Zierpflanzen gehören zu den Schmetterlingsblütlern, z.B. Ginster *(Genista)*, Goldregen *(Laburnum)*, Lupine *(Lupinus)* und Glyzine *(Wisteria)* sowie die zu den »Garten-Wicken« gerechneten Arten der Gattungen *Lathyrus* und *Vicia*.

Frühlings-Platterbse *(Lathyrus vernus)*

Tafel 7c; Tafel 11g

Die Frühlings-Platterbse ist eine kalkliebende Art von Buchenwäldern des Berglandes. Trotz ihrer auffälligen Blütenfarbe wird die Art oft übersehen, was vor allem damit zusammenhängt, dass sie keine Massenbestände bildet wie viele andere Frühblüher.

Am Ende des Stängels stehen etwa fünf bis zehn kurz gestielte Blüten in einer Traube zusammen. Die Kronblätter der Frühlings-Platterbse sind rotviolett gefärbt, die Flügel manchmal eher blauviolett. Beim Verblühen verändert sich die Farbe zu blau bis grünblau. Diesen Farbwechsel von rot nach blau kann man auch bei anderen Pflanzen beobachten, z.B. beim Echten Lungenkraut *(Pulmonaria officinalis)*. Möglicherweise ist er für blütenbesuchende Bienen ein Zeichen, dass diese Blüten jetzt alt sind und hier kein Nektar mehr zu holen ist.

Die Blätter sind charakteristisch und können auch ohne Blüten erkannt werden. Sie tragen meist drei Paar Blättchen und laufen in eine kurze Spitze aus.

Die Frühlings-Platterbse ist im größten Teil Europas verbreitet, fehlt aber weitgehend im Flachland. Ihre frühe Blütezeit kommt auch im wissenschaftlichen Namen zum Ausdruck (lateinisch »ver« = Frühling).

9.7 Sauerkleegewächse (Oxalidaceae)

Die Familie der Sauerkleegewächse umfasst drei Gattungen mit etwa 900 Arten. Der Verbreitungsschwerpunkt liegt in den Tropen und in den warmgemäßigten Zonen. Sie haben nur eine geringe wirtschaftliche Bedeutung. In den Anden wird Oka *(Oxalis tuberosa)* angebaut. Ihre stärkereichen Knollen sind für die Hochlandindianer ein Nahrungsmittel.

Die einzige heimische Art, der Wald-Sauerklee *(Oxalis acetosella)*, ist ein Frühblüher. Im Sommer erscheinen weitere Sauerklee-Arten, die aus Nordamerika (Steifer Sauerklee – *O. fontana*, Dillenius-Sauerklee – *O. dillenii*) und Südeuropa (Horn-Sauerklee – *O. corniculata*) eingeschleppt wurden.

Wald-Sauerklee *(Oxalis acetosella)*

Tafel 1a; Tafel 9b

Der Wald-Sauerklee ist die schattenverträglichste heimische Blütenpflanze. Er wächst noch bei weniger als einem Hundertstel des Tageslichtes und ist daher nicht nur in Buchenwäldern als Frühblüher zu finden, sondern auch in schattigen Nadelwäldern auf bodensauren Standorten. Er kommt mit Ausnahme von Island in ganz Europa vor, außerdem in Sibirien, Japan, Nordamerika, Nordafrika und im Kaukasus.

Der deutsche Name weist auf den sauren Geschmack der klee-ähnlichen Blätter hin. Im Frühling gesammelte Blätter können für Salate verwendet werden. Auf Grund des hohen Oxalsäuregehaltes ist ein allzu reichlicher Genuss aber gesundheitsschädlich. Auch der wissenschaftliche Name bezieht sich auf die sauren Inhaltsstoffe der Pflanze. Mit *Oxalis* wurde schon in der Antike eine säuerlich schmeckende Pflanze bezeichnet (griechisch »oxys« = sauer), gemeint war allerdings der Sauerampfer. Erst mit Carl von Linné wird der Name *Oxalis* für den Sauerklee verwendet. Der Artname *acetosella* stammt von lateinisch »acetosus« = essigsauer bzw. lateinisch »acetum« = Essig.

Die Blätter des Wald-Sauerklees sind unterseits oft pupurrot überlaufen. Bei kühlen Temperaturen, bei Dunkelheit und bei Überbelichtung klappen die Fiedern nach unten. Auf diese Weise wird die Wasserabgabe herabgesetzt, da die Blattunterseiten mit den Spaltöffnungen aufeinanderliegen.

Die weißen Blütenblätter sind im April und Mai zu sehen. Sie haben eine violettrote Aderung und am Grund einen gelben Fleck. In Vertiefungen am Grund der Kronblätter wird Nektar gebildet, der kleine Fliegen und Käfer als Bestäuber anlockt. Die Samen werden bei der Reife aus den Früchten fortgeschleudert, sie fliegen bis über einen Meter weit.

Ähnlich wie beim Moschuskraut *(Adoxa moschatellina)* übernehmen Speicherschuppen, die am unterirdischen Rhizom sitzen, eine Speicherfunktion. Diese Speicherschuppen sind Blattbasen von Laubblättern, die nach dem Abwurf des Oberblattes an der Achse sitzengebliebenen und fleischig verdickt sind. Auch das Rhizom selbst ist leicht verdickt und kann Reservestoffe speichern.

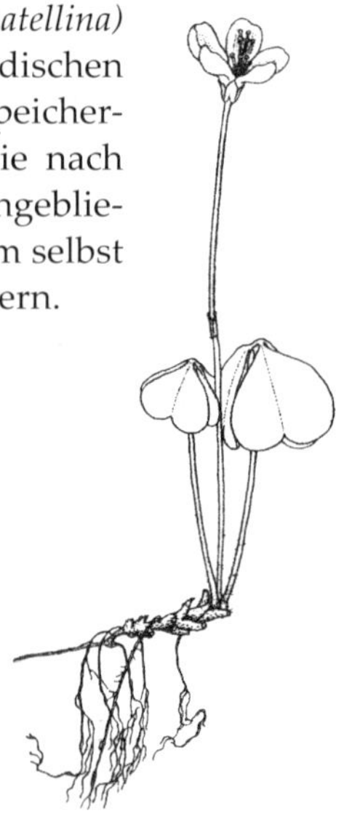

Abb. 11: Sauerklee-Pflanze mit unterirdischen Speicherschuppen. [aus: Troll 1935 S. 813]

9.8 Wolfsmilchgewächse (Euphorbiaceae)

Die Wolfsmilchgewächse umfassen mehr als 300 Gattungen mit über 5.000 Arten und gehören damit zu den größten Pflanzenfamilien. Ihre Hauptverbreitung haben sie in den Tropen. In Mitteleuropa kommen zwei Gattungen vor: die Gattung *Euphorbia* (Wolfsmilch) mit etwa 30 Arten und die Gattung *Mercurialis* (Bingelkraut) mit drei Arten. Die Wolfsmilch-Arten haben weißen Milchsaft im Stängel. Die Vertreter der Wolfsmilchgewächse besitzen ganz unterschiedliche Wuchsformen: Neben krautigen Arten gibt es Bäume und Sträucher sowie Arten mit kakteen-ähnlicher Gestalt.

Einige Arten haben eine beträchtliche wirtschaftliche Bedeutung, z.B. der Kautschukbaum (*Hevea brasiliensis,* liefert Naturkautschuk), Maniok oder Kassave (*Manihot esculenta,* stärkehaltige Knollen sind Grundnahrungsmittel in tropischen Gebieten) oder Rizinus (*Ricinus communis,* Samen liefern Rizinusöl). Auch einige Zierpflanzen gehören zu den Wolfsmilchgewächsen, z.B. Weihnachtsstern *(Euphorbia pulcherrima)* oder weitere Vertreter der Gattungen *Euphorbia, Acalypha, Breynia, Croton, Dalechampia* oder *Jatropha.*

Wald-Bingelkraut *(Mercurialis perennis)*

Tafel 5c

Das Wald-Bingelkraut findet man immer in großen, dichten Teppichen, in denen zahlreiche Sprosse dicht beisammen wachsen. Die Blätter stehen an der Spitze des Sprosses gedrängt und bilden von oben gesehen ein dichtes Blätterdach. Sie sind elliptisch geformt und am Rand gesägt. Sie ähneln denen des Kleinblütigen Springkrautes *(Impatiens parviflora).*

Die unscheinbaren grünen Blüten erscheinen im April und Mai. Die Pflanze ist zweihäusig, d.h. es gibt Exemplare, die nur weibliche Blüten tragen, und solche, die nur männliche besitzen. Weibliche Blüten haben nur weibliche Fortpflanzungsorgane. Damit sind die Fruchtblätter gemeint, aus denen sich später die Früchte entwickeln. Die männlichen Fortpflanzungsorgane, die Staubblätter, finden sich in den männlichen Blüten. Außer an den Blütenverhältnissen kann man weibliche und männliche Exemplare auch am Gesamthabitus unterscheiden. Die weiblichen Pflanzen sind meist etwas größer als die männlichen. Weitere zweihäusige Arten der heimischen Flora sind Rote Lichtnelke *(Silene dioica)* und Große Brennessel *(Urtica dioica).* Bei diesen Arten wird die Verteilung der Geschlechter im Blütenbereich auch am Namen deutlich (griechisch »di« = zwei, »oikos« = Haus).

Schaut man sich einen Bingelkraut-Bestand genauer an, stellt man fest, dass großflächig nur eine Blütenform vorkommt. Man kann also vermuten, dass es sich bei einem flächigen Bestand um eine einzige Pflanze handelt, die sich unterirdisch sehr stark verzweigt und überall Sprosse nach oben treibt. Würde man einen Bestand ausgraben, fände man diese Vermutung bestätigt: Das Wald-Bingelkraut hat ein extrem weit verzweigtes Netz von unterirdischen Ausläufern, so dass männliche und weibliche Pflanzen oft weit voneinander entfernt wachsen.

Das Wald-Bingelkraut ist in Mitteleuropa in den Kalkgebieten weit verbreitet und nicht selten. Über Mitteleuropa hinaus kommt die Art in vielen Gebieten Europas und in Nordafrika vor.

Beim Einlegen in ein Herbarium färbt sich die gesamte Pflanze beim Trocknen dunkelblau-schwarz. *Mercurialis* bedeutet »Kraut des Merkur«. Merkur war der Götterbote der alten Römer (lateinisch »Mercurius«) und der Gott der Kaufleute. Warum dieser Name für das Bingelkraut verwendet wurde, ist allerdings unklar. Die Pflanzen sind stark giftig. Früher wurden sie für medizinische Zwecke verwendet.

9.9 Seidelbastgewächse (Thymelaeaceae)

Bei den etwa 50 Gattungen und 500 Arten der Seidelbastgewächse handelt es sich meist um Bäume oder Sträucher. Sie wachsen in tropischen und in gemäßigten Gebieten und kommen oft in trockenen, lichten Wäldern und Gebüschen vor. Einige wohlriechende Seidelbast-Arten werden als Ziersträucher kultiviert, darunter auch immergrüne Arten.

In Mitteleuropa kommen fünf Seidelbast-Arten *(Daphne)* wild vor, die meisten davon nur in den Alpen und einigen wenigen Berggebieten. Der einzige heimische Vertreter außerhalb der Alpen ist der Gemeine bzw. Gewöhnliche Seidelbast. Er ist ein Frühblüher.

Gewöhnlicher Seidelbast *(Daphne mezereum)*

Tafel 8a

Der Gemeine Seidelbast weist mehrere Besonderheiten auf. Er ist der einzige Phanerophyt unter unseren heimischen Frühblühern. Unter den fremdländischen Ziersträuchern, die in vielen Gärten und Parks gepflanzt werden, gibt es aber noch andere frühblühende Arten, z.B. die Kornelkirsche *(Cornus mas)* und verschiedene Zaubernuss-Arten (*Hamamelis* spec.).

Als einer der ersten Frühlingsboten wurde auch der Gemeine Seidelbast seit dem Mittelalter in Gärten und Parkanlagen gezogen. Von Natur aus kommt er vor allem im Bergland und im Gebirge auf kalkhaltigen Böden vor. Als mittelgroßer, 30-150cm hoher Strauch hat er keine unterirdischen Speicherorgane. Er speichert die Reservestoffe für den frühen Austrieb des Folgejahres im Holzkörper.

Der Name »daphne« ist ein altes (und auch heute noch gebräuchliches) griechisches Wort für den Lorbeerbaum *(Laurus nobilis)*. Carl von Linné wählte ihn für die Gattung Seidelbast wegen der Ähnlichkeit der Blätter und Früchte des Lorbeer-Seidelbastes *(Daphne laureola)*, einer südeuropäischen Art, mit denen des Lorbeerbaumes. Daphne war allerdings auch der Name einer Bergnymphe aus der griechischen Sagenwelt, die als Priesterin der Mutter Erde von dieser aus einer Gefahr gerettet wurde. An ihrer Stelle ließ Mutter Erde einen Lorbeerbaum wachsen.

Die rosenroten, duftenden Blüten des Gemeinen Seidelbastes erscheinen vor den Blättern. Sie scheinen direkt am Stängel und nicht in den Achseln von Tragblättern zu entspringen, ein Phänomen, das bei anderen heimischen Pflanzen nicht zu beobachten ist. Diese sog. Stängelblütigkeit (Kauliflorie) tritt aber bei einigen Tropenpflanzen auf, z.B. bei Kaffee- und Kakao-Pflanzen. Bei genauem Hinsehen erkennt man, dass die Blüten in Büscheln, meist zu dritt, in den Achseln der abgefallenen vorjährigen Laubblätter entspringen.

Die Blüten sind vierzählig und scheinen keine Kelchblätter zu tragen. Tatsächlich fehlen aber die Kronblätter. Die Kelchblätter sind beim Seidelbast nicht grün gefärbt wie bei den meisten anderen Pflanzen, sondern rosenrot, selten auch weiß. Sie übernehmen in diesem Fall die Funktion der Kronblätter. Beim Blick in eine Einzelblüte kann man gut die acht Staubblätter erkennen. Der starke Blütenduft lockt zahlreiche Insekten an.

Die Blätter sitzen beim Gemeinen Seidelbast an den Zweigenden zusammen. Wenn sie abgefallen sind, entspringen im folgenden Jahr in ihren Achseln die Blüten. Die scharlachroten, saftigen Früchte und die Rinde des Gemeinen Seidelbastes sind für den Menschen giftig. Vögel fressen die Früchte aber gern und verbreiten so die Samen.

Weitere alte und bekannte Namen des Seidelbastes sind Zeiland und Kellerhals. Letzterer bezieht sich auf die giftigen Teile der Pflanze, hauptsächlich die Beeren, die ein lang anhaltendes Brennen in Hals und Mund verursachen. Das Wort »Keller« kann wohl von quälen hergeleitet werden (Kellerhals = Quälerhals).

Leonhart Fuchs schreibt in seinem Kräuterbuch von 1543 über den Seidelbast: »Zeiland würdt vonn ettlichen auch Zeidelpast genennt, auff

Griechisch unnd Lateinisch Daphnoides, unnd zu unsern zeiten Laureola, darumb das er der Gestalt nach, sonnderlich an den blettern unnd der frucht, dem lorbeerbaum gleich ist, wiewol die bletter seind ettwas linder, die frucht auch kleiner.«

Verbreitet ist der Gemeine Seidelbast fast in ganz Europa und in Sibirien. In Deutschland kommt er mit Ausnahme von Nordwestdeutschland und Teilen Ostdeutschlands überall vor, schwerpunktmäßig im Berg- und Voralpenland auf etwas feuchteren Kalkstandorten. Der Gemeine Seidelbast ist gesetzlich geschützt.

9.10 Veilchengewächse (Violaceae)

Die Veilchengewächse sind weltweit verbreitet. Ihr Schwerpunktgebiet liegt in den gemäßigten Zonen, in den Tropen kommen sie hauptsächlich im Gebirge vor. Von den etwa 900 Arten, die sich auf über 20 Gattungen verteilen, gehören fast die Hälfte zur Gattung *Viola*. Viele dieser Arten sind beliebte Zierpflanzen. Besonders beliebt ist das März-Veilchen *(Viola odorata)*, weil die kräftig violett gefärbten Blüten angenehm duften.

März-Veilchen, Wohlriechendes Veilchen *(Viola odorata)*

Tafel 7d; Tafel 11b

Nach seiner frühen Blütezeit im März ist das März-Veilchen benannt. Der andere deutsche und der wissenschaftliche Name weisen auf den wohlriechenden Blütenduft hin (lateinisch »odoratus« = wohlriechend, duftend).

An schattigen Wegrändern, Hecken, Gebüschen und in lichten Wäldern findet man die Pflanzen. Oft stehen mehrere Exemplare beisammen. Ursprünglich stammt das März-Veilchen aus dem Mittelmeergebiet, mittlerweile ist es auch in Mittel- und Westeuropa eingebürgert. Man findet es häufig als Kulturrelikt in alten Gärten und auf Friedhöfen, von wo es sich ausbreiten kann. In der freien Landschaft tritt es nur in der Nähe von Siedlungen auf.

Das März-Veilchen wächst als Rosettenstaude mit zahlreichen Blättern und Blüten. Mit 10-20cm langen Ausläufern können sich die Einzelpflanzen ausbreiten. Die Laubblätter sitzen alle in einer grundständigen Rosette. Im Umriss sind sie rundlich bis nierenförmig, vorn abgerundet oder höchstens schwach zugespitzt. Die Blüten sind etwa 2cm lang und dunkelviolett gefärbt, manchmal treten auch rein weiße Exemplare auf. Mit den gelben

Staubbeuteln und der weißen Zeichnung am Grund der Kronblätter ergibt sich eine reizvolle Farbzusammenstellung. Als Blütenbesucher stellen sich häufig Bienen ein. Die Samen tragen ein großes ölhaltiges Anhängsel (Elaiosom) und werden von Ameisen verbreitet.

In Italien und Frankreich wird das März-Veilchen angebaut, um aus den Blüten Öl für die Parfümherstellung zu gewinnen.

Wald-Veilchen *(Viola reichenbachiana)*

Tafel 7f; Tafel 11a

In vielen Buchenwäldern sieht man ab Anfang April die hellvioletten Blüten des Wald-Veilchens. Es blüht deutlich später als das März-Veilchen. Ein weiterer Unterschied ist die hellere Blütenfarbe. Die Kronblätter sind hellviolett gefärbt, das untere ist am Grund meist weiß gefärbt und dunkelviolett gestreift. Auch an den Laubblättern kann man die beiden Veilchen-Arten unterscheiden. Die Blätter des Wald-Veilchens sind wie ein Herz geformt, oben laufen sie in eine deutliche Spitze aus. Auf der Unterseite erscheinen die Laubblätter oft gerötet.

Im Unterschied zum März-Veilchen kann man beim Wald-Veilchen nicht nur grundständige Rosettenblätter erkennen, sondern noch weitere Blätter, die an kurzen, aufrecht wachsenden Sprossen sitzen. Man spricht von einer Halbrosettenstaude.

Das Wald-Veilchen tritt gelegentlich zusammen mit dem Leberblümchen auf und kann von weitem wegen der ähnlichen Blütenfarbe mit diesem verwechselt werden. Es ist fast über ganz Europa verbreitet und kommt auch in gemäßigten Regionen Asiens bis nach Japan vor.

Die Blüten werden vor allem von Bienen besucht. Diese werden von Nektar angelockt, der in dem 4-5mm langen Sporn produziert wird. Wie beim März-Veilchen sitzen auch beim Wald-Veilchen Elaiosomen an den Samen. Dies sind nährstoffreiche, weiche Ölkörper, die gern von Ameisen verzehrt werden. Ameisen werden von den wohlschmeckenden Ölkörpern angelockt, sie verschleppen die Samen mit den Anhängseln in ihre Nester. Wenn sie die Ölkörper gefressen haben, entfernen sie die Samen wieder aus dem Ameisennest. Viele Samen werden aber auch dadurch verbreitet, dass die Ameisen sie auf dem Weg zum Nest liegenlassen oder dass sie beim Transport in kleine Ritzen fallen, wo sie dann keimen können. Die Art der Verbreitung von Samen oder Früchten durch Ameisen nennt man Myrmekochorie (griechisch »myrmex«, Genitiv »myrmekos« = Ameise, griechisch »chorizein« = verbreiten).

Elaiosomen sind bei Frühblühern weit verbreitet. Die Samen der folgenden frühblühenden Arten haben diese Ölkörper und werden daher von Ameisen verbreitet:

Haselwurz – *Asarum europaeum*
Hohler Lerchensporn – *Corydalis cava*
Gefingerter Lerchensporn – *Corydalis solida*
Schneeglöckchen – *Galanthus nivalis*
Leberblümchen – *Hepatica nobilis*
Dolden-Milchstern – *Ornithogalum umbellatum*
Echtes Lungenkraut – *Pulmonaria officinalis*
März-Veilchen – *Viola odorata*
Wald-Veilchen – *Viola reichenbachiana*

Tab. 8: Unterschiede der beiden frühblühenden Veilchen-Arten.

Merkmal	März-Veilchen (*Viola odorata*)	Wald-Veilchen (*Viola reichenbachiana*)
Blütenfarbe	dunkelviolett	hellviolett
Blütenduft	wohlriechend	nicht vorhanden
Blattform	rundlich bis nierenförmig, vorne meist abgerundet	herzförmig, vorne mit deutlicher Spitze
Blütezeit	März bis April	April bis Juni
Wuchsform	Rosettenstaude	Halbrosettenstaude

9.11 Kreuzblütler (Brassicaceae)

Die Kreuzblütler sind weltweit verbreitet. Ein großer Teil der etwa 3.000 Arten, die sich auf fast 400 Gattungen verteilen, kommt im Mittelmeergebiet, in Nordafrika und in Zentralasien vor.

Die Familie hat einen einheitlichen Blütenaufbau: Zu einer vollständigen Blüte gehören vier Kelchblätter, vier Kronblätter, sechs Staubblätter, die in zwei Kreisen angeordnet sind (zwei äußere, kurze und vier innere, längere Staubblätter), sowie zwei miteinander verwachsene Fruchtblätter. Die Blüten stehen meist in Trauben.

Unter den Kreuzblütlern findet man eine große Anzahl an Nutzpflanzen. Ihre wirtschaftliche Bedeutung ist aber nicht so groß wie die der Schmetterlingsblütler (Fabaceae) oder der Süßgräser (Poaceae). Kreuzblütler werden als Gemüse genutzt (z.B. die vielen verschiedenen Kulturformen des Gemüsekohls – *Brassica oleracea*, Rüben – *Brassica rapa* und *Brassica napus*, Radieschen – *Raphanus sativus*, Gartenkresse – *Lepidium sativum*). Außerdem liefern sie Fett (z.B. Raps – *Brassica napus* var. *napus*) und Gewürze (z.B. Meerettich – *Armoracia rusticana* und Senf – *Sinapis alba*).

Bekannte Zierpflanzen kommen aus den Gattungen Steinkresse *(Alyssum)*, Gänsekresse *(Arabis)*, Goldlack *(Cheiranthus)*, Felsenblümchen *(Draba)*, Nachtviole *(Hesperis)*, Schleifenblume *(Iberis)*, Mondviole (*Lunaria*) und Levkoje *(Matthiola)*. Von den fast 200 mitteleuropäischen Arten können drei heimische Arten zu den Frühblühern gezählt werden. Einige andere Arten blühen zwar auch recht früh, haben aber als Einjährige Arten eine ganz andere Strategie als die in diesem Kapitel behandelten Arten. Sie kommen zudem nicht im Wald sondern im Offenland vor (s. Kap. 10).

Knoblauchrauke *(Alliaria petiolata)*

Tafel 6b

Die Knoblauchrauke, in manchen Gegenden auch Knofelkraut oder Wilder Knoblauch genannt, verdankt ihren Namen dem Knoblauchgeruch. Riecht man an der grünen Pflanze, nimmt man nur einen leichten Knoblauchgeruch wahr. Zerreibt man aber ein Blatt zwischen den Fingern, riecht es intensiv nach Knoblauch. Darauf bezieht sich der wissenschaftliche Name Alliaria, der sich von lateinisch »allium« = Lauch, Knoblauch ableitet.

Die dünnen Blätter haben eine unterschiedliche Form, je nachdem wo sie am Stängel sitzen. Die unteren grundständigen Blätter sind langgestielt und haben einen nierenförmigen Umriss. Je höher die Blätter am Stängel sitzen, desto kleiner werden sie, desto kürzer wird der Blattstiel und desto mehr ändert sich die Blattform bis zu einem dreieckigen Umriss der obersten Blätter. Das Auftreten unterschiedlich großer und unterschiedlich gestalteter Blätter an einem Spross nennt man Ungleichblättrigkeit oder Anisophyllie (griechisch »anisos« = ungleich, griechisch »phyllon« = Blatt).

Die kleinen weißen Blüten sitzen in einfachen oder verzweigten Trauben an der Spitze der bis zu einem Meter hoch werdenden Pflanze. Die Früchte, 4-6cm lange und etwa 2mm breite Schoten, stehen zur Fruchtreife deutlich vom Stängel ab.

Knoblauchrauken sind Nährstoffzeiger. Wo sie vorkommen, ist der Boden nährstoffreich und nicht zu trocken. Außerdem brauchen sie ausreichende Luftfeuchtigkeit und stehen daher vorzugsweise am Rand von Hecken und Gebüschen, an Waldrändern, unter Bäumen oder an anderen schattigen Stellen. Pflückt man eine Pflanze ab, welkt sie sehr schnell dahin.

Das Verbreitungsgebiet der Knoblauchrauke erstreckt sich über ganz Europa. Früher wurde sie zu Heilzwecken verwendet und als Salat gegessen. Als Speicherorgan dient ein Rhizom. Die Blütezeit reicht von April bis Juni.

Wiesen-Schaumkraut *(Cardamine pratensis)*

Tafel 7e; Tafel 11f

Manche Wiese erscheint im April wie von einem weißen bis rosaroten Schaum überzogen. Es ist die Blütezeit des Wiesen-Schaumkrauts, einer typischen Frühjahrspflanze auf feuchten Wiesen (der Name *pratensis* leitet sich von lateinisch »pratum« = Wiese ab). Der deutsche Pflanzenname ist aber wohl nicht auf diesen Eindruck zurückzuführen. Er rührt vermutlich von den Schaumklumpen her, die an manchen Stängeln zu finden sind.

Glaubte man früher, dass der Kuckuck diesen »Kuckucksspeichel« an die Pflanze gespien hat, so zeigt uns genaueres Nachsehen, dass in dem Schaum kleine Insektenlarven verborgen sind, die Larven der Schaumzikade. Ausgewachsene Zikaden legen ihre Eier in kleine Risse oder Spalten an der Pflanze. Die aus den Eiern geschlüpften Larven saugen Säfte aus der Pflanze. Sie bilden den Schaum, indem sie eine Flüssigkeit aus dem Hinterleib ausscheiden und gleichzeitig Luftbläschen hineinpumpen. Der Schaum schützt die Tiere gegen Austrocknung und Feinde.

Nicht nur am Wiesen-Schaumkraut, sondern z.B. auch an der Kuckucks-Lichtnelke und an Gräsern findet man häufig diesen Kuckucksspeichel. Die Kuckucks-Lichtnelke *(Lychnis flos-cuculi)*, die oft zusammen mit dem Wiesen-Schaumkraut vorkommt, verdankt ihren Namen ebenfalls den Larven der Schaumzikade. Auch für andere Insekten ist das Wiesen-Schaumkraut eine wichtige Nahrungspflanze, was z.B. beim Aurorafalter *(Anthocharis cardamines)* auch aus dem wissenschaftlichen Namen des Schmetterlings hervorgeht. Wie fein die Lebensphasen der Pflanze und des Insekts aufeinander abgestimmt sind, wird daran deutlich, dass einige Tage vor dem Erscheinen der Aurorafalter-Weibchen im Frühjahr das Wiesen-Schaumkraut zu blühen beginnt. Der Schmetterling setzt sich auf eine Blüte und legt das Ei an den Blütenstiel. Die Raupe befrisst dann die heranreifenden Früchte.

Die einzelnen Blütenteile sind beim Wiesen-Schaumkraut mit bloßem Auge gut erkennbar. Jede Blüte sitzt auf einem 1-2cm langen Stiel und hat vier gelbgrüne Kelchblätter. Die vier Kronblätter sind lila und haben dunkelviolett gefärbte Nerven, manchmal sind sie rein weiß. Innen sitzen sechs gelbe Staubblätter (zwei kurze und vier lange) und ein grüner Fruchtknoten.

Der Gestalttyp der Blüte des Wiesen-Schaumkrauts wird Stieltellerblume genannt. Die Kronblätter bilden eine Scheibe, an der unterseits eine kurze Röhre sitzt. Viele Schmetterlinge besuchen diese Blüten. Sie können gut auf den ausgebreiteten Kronblättern landen und mit ihrem Rüssel Nektar aus der engen Röhre holen. Ähnliche Blütentypen haben z.B. Heide-Nelke *(Dianthus deltoides)* und Kuckucks-Lichtnelke *(Lychnis flos-cuculi)*. Ein ähnliches Bauprinzip, aber mit nicht so enger Röhre, liegt auch den Blüten anderer Frühblüher zu Grunde, z.B. denen der Hohen Schlüsselblume *(Primula elatior)*, des Echten Lungenkrauts *(Pulmonaria officinalis)* und des Seidelbasts *(Daphne mezereum)*.

Das Wiesen-Schaumkraut wächst nicht nur auf feuchten Wiesen, sondern auch in Auwäldern und anderen nährstoffreichen Laubwäldern. Es ist auf der Nordhalbkugel in den nördlichen Breiten überall zu finden. Seine Südgrenze der Verbreitung entspricht in Europa etwa der Grenze zwischen der meridionalen und der nemoralen Zone.

Die Art gliedert sich in mehrere Unterarten, die sich morphologisch gut unterscheiden lassen.

Zwiebel-Zahnwurz *(Dentaria bulbifera)*

Tafel 12d

Die Zwiebel-Zahnwurz wurde früher zu den Schaumkräutern gerechnet und *Cardamine bulbifera* genannt. Das Artepitheton »bulbifera« stammt von lateinisch »bulbus« = Zwiebel oder Knolle und lateinisch »-fer« = tragend. Wörtlich übersetzt bedeutet der Name »zwiebel- oder knollentragend«. Dieses Merkmal ist an den Pflanzen sehr auffällig. In den Achseln der Stängelblätter tragen sie nämlich kleine, braunviolette Zwiebelchen, sog. Bulbillen. Das sind Seitensprosse, die fleischige Schuppenblätter tragen und extrem verkürzt sind, so dass sie die Gestalt einer kleinen Zwiebel haben. Die Bulbillen brechen leicht ab, treiben am Boden Wurzeln und wachsen dort an. Eine ähnliche vegetative Vermehrung gibt es auch beim Scharbockskraut *(Ranunculus ficaria)*.

Neben der geschlechtlichen (generativen) Vermehrung durch Samen kann sich die Zwiebel-Zahnwurz mit Hilfe dieser speziellen Pflanzenorgane auch ungeschlechtlich (vegetativ) vermehren. Bei Zweikeimblättrigen Pflanzen findet man diese Form der Fortpflanzung mit Bulbillen, bei denen die notwendigen Reservestoffe in den Schuppenblättern eingelagert werden, selten (z.B. auch noch beim Knöllchen-Steinbrech — *Saxifraga granulata*). Bei

Einkeimblättrigen Pflanzen tritt dieses Phänomen etwas häufiger auf (z.B. bei verschiedenen Lauch- *(Allium)* und Lilien-Arten *(Lilium)*.

Die Blüten der Zwiebel-Zahnwurz ähneln denen des Wiesen-Schaumkrauts, ihre Kronblätter erscheinen aber etwas heller, manchmal ganz weiß. Die grundständigen Blätter sind lang gestielt und 7-zählig gefiedert, d.h. sie haben eine Endfieder und drei Paar Seitenfiedern. Die oberen Stängelblätter sind einfach gebaut und nicht gefiedert. Dazwischen gibt es Übergangsformen.

Ihr Hauptverbreitungsgebiet hat die Zwiebel-Zahnwurz in Ost- und Südosteuropa. Sie kommt in ganz Mitteleuropa vor, hier hat ihr Verbreitungsgebiet zum Teil große Lücken. Im Tiefland kommt sie nicht vor. Die Art bevorzugt frische, nährstoffreiche und nicht zu kalkhaltige, tiefgründige Böden. Sie ist ein Buchenbegleiter im Hügel- und Bergland. Ihre Blütezeit liegt in den Monaten April bis Juni.

9.12 Primelgewächse (Primulaceae)

Die ca. 1.000 Vertreter der Primelgewächse, die sich auf etwa 30 Gattungen verteilen, kommen hauptsächlich in den nördlichen gemäßigten Zonen vor. Ihr Blütenaufbau ist regelmäßig 5-zählig: Auf fünf miteinander verwachsene Kelchblätter folgen nach innen fünf ebenfalls miteinander (meist zu einer Röhre) verwachsene Kronblätter, danach kommen fünf Staubblätter und ganz innen sitzen fünf miteinander verwachsene Fruchtblätter.

Unter den Primelgewächsen gibt es eine ganze Reihe bekannter Gartenpflanzen. Viele Schlüsselblumen-Arten *(Primula)* werden wegen ihrer attraktiven Blüten als Topfpflanzen, in Steingärten oder Rabatten gezogen. Auch Arten der Gattungen Gauchheil *(Anagallis)*, Alpenveilchen *(Cyclamen)*, Götterblume *(Dodecatheon)* und Gilbweiderich *(Lysimachia)* sind bei Gärtnern und Gartenfreunden sehr beliebt. Unter den etwa 50 in Mitteleuropa einschließlich der Alpengebiete heimischen Arten gibt es zwei Frühblüher.

Hohe Schlüsselblume *(Primula elatior)*

Tafel 4c; Tafel 10g

Die Schlüsselblumen verdanken ihren Namen der Ähnlichkeit des Blütenstandes mit einem Schlüsselbund. Der wissenschaftliche Gattungsname *Primula* bezieht sich aber nicht auf diese morphologische Besonderheit mancher Arten, sondern vermutlich auf die frühe Blütezeit der bekanntesten Arten. *Primula* ist die Verkleinerungsform von lateinisch »primus« = der Erste, kann also mit »Kleiner Erstling« übersetzt werden.

Die Hohe Schlüsselblume wächst und blüht schon ab Anfang März auf Wiesen und in lichten Gebüschen und Wäldern, vor allem auf feuchten Standorten. Auenwälder, Bachufer und feuchte Wiesenränder sind typische Lebensräume dieser Art. Sie bevorzugt Schattenlagen und Nordhänge.

Die schwefelgelbe Blütenkrone, die aus den fünf miteinander verwachsenen Kronblättern gebildet wird, trägt im Schlund einen grünlichgelben bis hellorangefarbenen Ring. Die geruchlosen Blüten werden von Bienen und Hummeln besucht. In Bezug auf die Bestäubung kann man sich bei der Hohen Schlüsselblume – wie bei fast allen Primel-Arten – eine interessante Anpassung an die Pollenübertragung durch Insekten anschauen. Die Hohe Schlüsselblume hat nämlich zwei verschiedene Blütenformen: Es gibt kurzgriffelige Blüten, bei denen die Griffel nur etwa bis zur Mitte der Kronröhre reichen, die Staubblätter sitzen bei diesen Pflanzen oben am Schlund der Kronröhre und sind von oben gut zu sehen. Bei den langgriffeligen Blüten reichen die Griffel bis zum Kronschlund, hier sind die Narben von oben gut zu sehen und die Staubbeutel sitzen etwa in der Mitte der Kronröhre. Staubblätter und Fruchtblätter nehmen also bei beiden Formen eine sich abwechselnde (reziproke) Lage ein.

Jede Pflanze bringt nur eine Blütenform hervor, beide Blütenformen kommen in der Natur in ungefähr gleicher Zahl vor. Insekten, die z.B. nur den Grund der Blütenkrone nach Nektar absuchen, übertragen daher den Pollen von langgriffeligen Blüten auf die Narben der kurzgriffeligen Blüten. Andere Insektenarten, die nur oben auf der Blüte sitzen, können Pollen von kurzgriffeligen Pflanzen auf langgriffelige übertragen. Schon Charles Darwin wies in Versuchen nach, dass guter Samenansatz und normale Keimfähigkeit nur bei Pollenübertragung von hoch sitzenden Staubbeuteln auf lange Griffel und von tiefsitzenden Staubbeuteln auf kurze Griffel gegeben ist – ein Mechanismus zur Förderung der Fremdbestäubung.

Diese Ungleichgriffeligkeit oder Heterostylie (griechisch »heteros« = anders, verschieden, »stylos« = Säule, auch: Griffel) tritt nicht nur bei Schlüsselblumen sondern auch bei anderen Primelgewächsen auf, z.B. bei der Wasserfeder *(Hottonia palustris)*, und auch bei anderen Pflanzenfamilien. Beim Blutweiderich *(Lythrum salicaria)* unterscheidet man sogar drei verschiedene Blütentypen mit langen, mittellangen und kurzen Griffeln.

Die behaarten Blätter der Hohen Schlüsselblume sitzen am Grund der Pflanze in einer Rosette. Die Blattoberseite ist stark runzelig, der Rand wellig, der Blattstiel geflügelt, d.h. an zwei Seiten läuft die Blattfläche in einem schmalen Saum aus.

Weil sich die Hohe Schlüselblume durch ihre hohe Wuchsform von anderen Primel-Arten unterscheiden soll, ist sie mit »elatior« benannt worden. Lateinisch »elatus« bedeutet hoch, erhaben; elatior ist die Steigerungsform und heißt also höher, erhabener.

Im Bergland ist sie in ganz Mitteleuropa verbreitet. Im Tiefland kommt sie seltener vor, in einigen Gebieten fehlt sie ganz.

Wiesen-Schlüsselblume *(Primula veris)*

Tafel 4b; Tafel 10h

Die Wiesen- oder Frühlings-Schlüsselblume unterscheidet sich in einigen Merkmalen von der Hohen Schlüsselblume. Sie blüht etwa einen Monat später als diese, auch wenn sowohl der deutsche als auch der wissenschaftliche Name Anderes vermuten lassen. Lateinisch »ver« (Genitiv »veris«) bedeutet nämlich Frühling und *Primula veris* kann man mit »kleines, erstes Kraut des Frühlings« übersetzen.

Die Blütenfarbe ist ein weiteres Unterscheidungsmerkmal. Während die Blüten der Hohen Schlüsselblume schwefelgelb gefärbt sind, leuchten sie bei der Wiesen-Schlüsselblume dottergelb. Im Schlund kann man fünf orangefarbene Flecken erkennen. Meistens verströmen sie auch einen leichten Duft. Der Kelch ist bei der Wiesen-Schlüsselblume glockenförmig aufgeblasen, bei der Hohen Schlüsselblume liegt er der Kronröhre eng an.

Auch die Standortansprüche der beiden nah verwandten Arten sind verschieden. Die Wiesen-Schlüsselblume kommt auf Magerwiesen und in lichten Wäldern vor. Hier bevorzugt sie kalkhaltigen Boden und trockenere Standorte als die Hohe Schlüsselblume.

Das Verbreitungsgebiet der Wiesen-Schlüsselblume geht weit über das der Hohen Schlüsselblume hinaus. Sie kommt in Europa sowie in Nord-, Zentral- und Vorderasien vor.

Tab. 9: Unterschiede der beiden frühblühenden Schlüsselblumen-Arten.

Merkmal	Hohe Schlüsselblume *(Primula elatior)*	Wiesen-Schlüsselblume *(Primula veris)*
Blütenfarbe	schwefelgelb	dottergelb
Blütezeit	März bis Mai	April bis Mai
Blütenduft	nicht vorhanden	wohlriechend
Kelch	der Kronröhre eng anliegend	glockenförmig aufgeblasen
Standort	frische bis feuchte Böden	trockenere Böden, gern auf Kalk

9.13 Hundsgiftgewächse (Apocynaceae)

Die Hundsgiftgewächse sind eine vorwiegend tropische Familie, zu der hohe Regenwaldbäume, Lianen und viele kleine Bäume gehören. Von den etwa 200 Gattungen und rund 1.500 Arten kommen nur wenige Stauden in den gemäßigten Zonen vor.

Alle Hundsgiftgewächse haben Milchsaft. Bei einigen Arten wird er als Kautschuk genutzt, z.B. liefert *Landolphia heudelotii* den sog. Lianenkautschuk. Zur Familie gehören auch Zierpflanzen aus den Gattungen *Allamanda, Carissa, Nerium, Plumeria* und *Vinca*.

Der einzige mitteleuropäische Frühblüher aus dieser Familie, das Kleine Immergrün, ist hier nicht heimisch.

Kleines Immergrün *(Vinca minor)*

Tafel 11c

Ursprünglich war das Kleine Immergrün in Mittel- und Südeuropa beheimatet. Seine natürlichen Vorkommen reichen über Kleinasien bis zum Kaukasus. Da es keine hohen Ansprüche an die Bodenverhältnisse stellt und leicht vegetativ zu vermehren ist, gilt es schon lange als beliebte Zierpflanze in heimischen Gärten, auf Friedhöfen und in Parkanlagen. Von dort ist es mittlerweile vielerorts verwildert und eingebürgert. Sämtliche Vorkommen in Norddeutschland dürften wohl darauf zurückgehen. Früher wurde die Art auch als Arzneipflanze verwendet.

Die kleinen Halbsträucher werden nur bis etwa 20cm hoch. Der Stängel ist am Grund verholzt, kriecht meterlang über den Boden und treibt an den Knoten Wurzeln und Seitensprosse aus. So bilden sich dichte Teppiche mit immergrünen, lederigen Blättern. Diese sind auf der Oberseite glänzend dunkelgrün und auf der Unterseite heller gefärbt. Sie stehen kreuzgegenständig.

Die Blüten erscheinen bereits im März. Sie haben einen Durchmesser von etwa 2cm, sind lang gestielt und stehen einzeln. Der Blütenaufbau ist fünfzählig. Neben fünf Kelchblättern, die zu einem kleinen Trichter verwachsen sind, gibt es fünf blauviolette, selten weiß oder rosa gefärbte, auffällige Kronblätter. Die Kronblätter sind tellerförmig ausgebreitet. Die einzelnen Kronblätter sind asymmetrisch: Sie enden außen in einem nach links gedrehten Zipfel (von unten in Richtung des Sprosswachstums gesehen, in der Aufsicht also nach rechts gedreht).

9.14 Rötegewächse (Rubiaceae)

Die Rötegewächse sind eine der größten Familien des Pflanzenreichs. Die Familie ist zwar weltweit verbreitet, der überwiegende Teil der etwa 500 Gattungen und 7.000 Arten kommt aber in den Tropen vor. Die meisten tropischen Arten wachsen als Bäume oder Sträucher.

Merkmale der Familie sind ihre gegenständigen, einfachen Blätter mit Nebenblättern, die manchmal wie normale Blattspreiten aussehen können (z.B. bei allen mitteleuropäischen Arten wie dem Waldmeister).

Einige Arten haben eine wirtschaftliche Bedeutung. Kaffee ist wohl das wichtigste Erzeugnis aus der Familie. Er wird hauptsächlich aus *Coffea arabica, Coffea canephora* und *Coffea liberica* gewonnen. Chinarindenbäume *(Cinchona calisaya* und *Cinchona pubescens)* liefern Chinin, das als Medizin verwendet und als Gewürzstoff Likören und Erfrischungsgetränken zugesetzt wird. Die bekannteste Zierpflanze der Familie ist die Gardenie (*Gardenia* spec.).

Waldmeister *(Galium odoratum)*

Tafel 1b; Tafel 9c

Waldmeister ist eine häufige und gut zu erkennende Art der Buchenwälder mit Kalkeinfluss aus dem Untergrund. Der Boden darf außerdem nicht zu trocken und nicht zu nährstoffarm sein. Wegen dieser Standortansprüche gilt der Waldmeister auch als Charakterart mitteleuropäischer Buchenwälder auf »mittleren« Standorten, die als Waldmeister-Buchenwälder bezeichnet werden. Die Art ist fast in ganz Europa und in Sibirien verbreitet.

Die Pflanzen erscheinen im April. Sie werden bis zu einem halben Meter hoch. Der Stängel ist deutlich vierkantig. Die Blätter sitzen scheinbar in Quirlen aus 6-10 einfachen, länglichen Blättern zusammen. In morphologischer Hinsicht handelt es sich nur um zwei gegenständige Blätter, deren Nebenblätter so stark ausgewachsen sind, dass sie die Form und Größe der normalen Blattspreite erreichen. Die einzelnen Blättchen tragen vorne eine kurze Stachelspitze.

Die Blüten sind leuchtend weiß und duften (lateinisch »odoratus« = wohlriechend). Sie sitzen am Ende des Sprosses in einer sog. Trugdolde zusammen. Die vier Kronblätter sind miteinander verwachsen. Deutlich erkennt man die vier Zipfel, die flach ausgebreitet liegen. Die wenige Millimeter großen, kugeligen Früchte sind dicht mit hellen, hakigen Borsten besetzt. Sie bleiben im Fell von Tieren oder an der Kleidung von Menschen hängen und können so verbreitet werden.

Waldmeister wurde in der Vergangenheit in der Kräuterheilkunde verwendet und wird es als Gewürz auch heute noch. Der charakteristische Geschmack entsteht durch den Gehalt an Cumarinen, die in hohen Dosen giftig sind. Das Waldmeisteraroma ist kurz vor der Blüte am intensivsten.

9.15 Moschuskrautgewächse (Adoxaceae)

Die Familie der Moschuskrautgewächse besteht weltweit nur aus einer Art, dem Moschuskraut.

Früher wurden die Moschuskrautgewächse als nahe Verwandte der Steinbrechgewächse (Saxifragaceae) angesehen. Heute werden sie eher in die Nähe der Geißblattgewächse (Caprifoliaceae) gestellt.

Moschuskraut *(Adoxa moschatellina)*

Tafel 6c

Das Moschuskraut ist ein kleines, unscheinbares Pflänzchen. Es wird nur etwa 10cm hoch, selten bis 15cm. Die Blätter erinnern im Umriss etwas an die der Lerchensporn-Arten *(Corydalis)*, sind allerdings viel kleiner und fallen kaum auf. Im jungen Zustand tragen die Blätter kleine Sekrethaare, die einen eigenartigen bisam- bzw. moschusartigen Geruch erzeugen. Dieser gab der Pflanze ihren Namen. Der wissenschaftliche Gattungsname leitet sich von griechisch »adoxos« = unscheinbar, unauffällig ab und kann auf die Blüten oder auf die gesamte Erscheinung des Moschuskrauts bezogen werden.

Die Pflanzen haben zwei Arten von Blättern. In der Mitte des Stängels sitzen zwei gegenständige, kurz gestielte Blätter. Die etwas größeren, lang gestielten Blätter am Stängelgrund wachsen wechselständig. Alle Blätter sind 3-zählig aufgebaut und einfach oder doppelt gefiedert.

Auch bei den gelbgrünen Blüten lassen sich zwei Formen unterscheiden. Sie stehen zu fünft in einem würfelförmigen Köpfchen am Sprossende zusammen. Die vier Blüten an den Seiten des Würfels sind 5-zählig aufgebaut mit einem dreiteiligen Kelch, die Gipfelblüte ist 4-zählig aufgebaut mit einem zweiteiligen Kelch. Morphologisch ist der Blütenstand so zu deuten, dass die Gipfelblüte und zwei (selten auch drei) gegenständige Blütenpaare sehr eng zusammengedrängt stehen.

Das Moschuskraut blüht von März bis Mai. Die leicht hinfälligen Blätter verschwinden bald nach der Blüte, im Sommer sind sie bereits abgestorben. Feuchte Standorte in Auenwäldern, Erlenbrüchen und Laubmischwäldern sind geeignete Lebensräume dieser zarten Pflanze. Sie wächst im Halbschatten und gilt als Nährstoffzeiger. Die zarten Wurzeln breiten sich in der lockeren Humusschicht des Bodens aus (Humuskriecher). In Europa, Nordamerika und Asien ist sie weit verbreitet, in Mitteleuropa kommt sie fast überall vor.

Als Speicherorgane sind beim Moschuskraut sog. Schuppenknollen vorhanden. Dies sind schuppenförmige Bildungen an der Spitze der unterirdischen Ausläufer. In jedem Jahr bildet die Pflanze ein bis zwei Laubblätter aus sowie einen Blütenspross, der in der Achsel eines Laubblattes entspringt. Hierbei handelt es sich um Seitensprosse der unterirdisch wachsenden Hauptachse.

9.16 Raublattgewächse (Boraginaceae)

Mit etwa 100 Gattungen und 2.000 Arten sind die Raublattgewächse eine relativ große Pflanzenfamilie, die weltweit in gemäßigten Gebieten vorkommt. Ein deutlicher Verbreitungsschwerpunkt liegt im Mittelmeergebiet.

Ihren Namen haben die Raublattgewächse von den vielen rauen Haaren an Stängeln, Blättern und Blütenständen. Der Blütenstand ist ein besonders charakteristisches Merkmal der Familie. Die Blüten sitzen in einem oder mehreren schneckenförmig eingerollten Wickeln, die sich während des Aufblühens langsam entrollen. Ähnlich wie bei den Lippenblütlern besteht der Fruchtknoten aus zwei verwachsenen Fruchtblättern, die durch

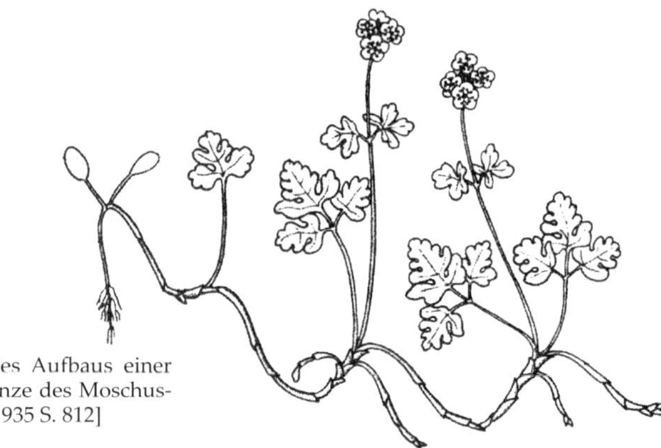

Abb. 12: Schema des Aufbaus einer drei Jahre alten Pflanze des Moschuskrauts. [aus: TROLL 1935 S. 812]

eine falsche Scheidewand in vier Fächer unterteilt werden, zwischen denen der Griffel steht. Mit der Lupe ist die vierteilige Klausenfrucht gut zu erkennen.

Verschiedene Gattungen werden in Gärten gepflanzt, z.B. Kaukasus-Vergissmeinnicht *(Brunnera)*, Natternkopf *(Echium)*, Sonnenwende *(Heliotropium)*, Blauglöckchen *(Mertensia)*, Vergissmeinnicht *(Myosotis)* und Lungenkraut *(Pulmonaria)*. Beinwell *(Symphytum officinale)* findet als Küchenkraut und als Medizin Verwendung. Als Grünfutter wird manchmal der aus dem Kaukasus stammende Komfrey *(Symphytum asperum)* angebaut.

Echtes Lungenkraut *(Pulmonaria officinalis)*

Das Echte Lungenkraut kommt in Mitteleuropa in vielen Laubwäldern vor. Darüber hinaus ist es fast in ganz Europa verbreitet, fehlt allerdings in den weit nördlich und südlich gelegenen Gebieten.

Gut zu erkennen ist das Echte Lungenkraut an den rundlichen, weißen Flecken auf den bis zehn Zentimeter langen Laubblättern. Diese Flecken sollen an Lungenbläschen erinnern (lateinisch »pulmo« = Lunge). Im Mittelalter glaubte man, dass eine Pflanze, die mit einem so deutlichen Hinweis auf ein Körperorgan versehen wurde, auch eine gewisse Heilkraft gegen Krankheiten dieses Organs haben muss. Getrocknete Pflanzenteile wurden in Form von Tee, Pulver, Sirup und Essenz eingenommen. Auch heute wird die Pflanze in der Volksmedizin noch angewendet.

Die Blütenfarbe des Echten Lungenkrauts wechselt während der Blütezeit von anfangs rosa nach violettblau, manchmal kommen auch weiße Formen vor. Ähnlich wie bei den Schlüsselblumen *(Primula)* beschrieben, sind die Blüten heterostyl, d.h. es gibt Blüten mit langen Staubblättern und kurzen Griffeln und solche mit kurzen Staubblättern und langen Griffeln. Die Früchte tragen einen weißen Ölkörper und werden von Ameisen verschleppt.

Die Gattung *Pulmonaria* ist eine ziemlich schwierige Gattung. Die einzelnen mitteleuropäischen Arten sind nur schwer gegeneinander abzugrenzen. Die Bestimmung wird noch zusätzlich dadurch erschwert, dass alle Arten miteinander bastardieren. Alle blühen auch relativ früh im Jahr. Starke Ähnlichkeit mit dem Echten Lungenkraut hat das Dunkle Lungenkraut *(Pulmonaria obscura)*. Ihm fehlen allerdings die weißen Flecken auf den Blättern. Zwei weitere frühblühende mitteleuropäische Lungenkraut-Arten sind nur regional verbreitet: Das Weiche Lungenkraut *(Pulmonaria mollis)* kommt nur in Teilen Süddeutschlands und das Berg-Lungenkraut *(Pulmonaria montana* Taf. 8b.*)* nur im Rheinland vor.

Tab. 10: Unterschiede der beiden frühblühenden Lungenkraut-Arten.

Merkmal	Echtes Lungenkraut *(Pulmonaria officinalis)*	Dunkles Lungenkraut *(Pulmonaria obscura)*
Blütenkelch	u-förmig	v-förmig
Blätter	mit rundlichen, weißen Flecken	ohne Flecke
Blattspreite	meist länger als der Blattstiel	meist kürzer als der Blattstiel

9.17 Rachenblütler (Scrophulariaceae)

Mit ca. 3.000 Arten, die sich auf etwa 220 Gattungen verteilen, gehören die Rachenblütler zu den großen Familien des Pflanzenreichs. Sie sind fast weltweit verbreitet.

In Bezug auf den Blütenbau ist es eine sehr vielgestaltige Familie. Es gibt außerordentlich viele Anpassungen an ganz unterschiedliche Bestäuber, so dass der Aufbau der Blüten stark variieren kann. Auch die Fruchtformen sind sehr unterschiedlich.

Unter den Rachenblütlern gibt es alle Übergänge von völlig autotrophen Pflanzen (Pflanzen, die sich ausschließlich von anorganischen Stoffen ernähren und mit Hilfe des Chlorophylls Photosynthese betreiben, um organische Stoffe aufzubauen) über Halbparasiten (Arten der Gattungen Augentrost – *Euphrasia,* Wachtelweizen – *Melampyrum,* Läusekraut – *Pedicularis,* Klappertopf – *Rhinanthus*) zu Vollparasiten (z.B. Schuppenwurz).

Viele Gattungen sind als Gartenzierpflanzen bekannt (z.B. Löwenmaul – *Antirrhinum,* Fingerhut – *Digitalis,* Gauklerblume – *Mimulus,* Bartfaden – *Penstemon,* Königskerze – *Verbascum,* Ehrenpreis – *Veronica*). Trotz der großen Artenfülle ist die wirtschaftliche Bedeutung der Familie nur gering. Am bekanntesten dürfte die Verwendung bestimmter *Digitalis*-Arten für medizinische Zwecke sein.

Schuppenwurz *(Lathraea squamaria)*

Tafel 8c; Tafel 11h

Mit dem Bild einer Pflanze verbindet man im Allgemeinen auch grüne Blätter und die Möglichkeit, mit Hilfe des grünen Farbstoffs Chlorophyll Photosynthese zu betreiben. Es gibt aber auch Pflanzen, die kein Blattgrün enthalten und daher auch nicht zur Photosynthese befähigt sind. Sie können also nicht unter Ausnutzung der Energie des Sonnenlichts aus anorganischen Stoffen organische Stoffe aufbauen. Diese Pflanzen müssen ihre organischen Stoffe auf eine andere Weise gewinnen. Die Moderpflanzen oder Saprophyten wachsen auf abgestorbenen organischen Substanzen und entnehmen ihre organischen Stoffe diesem Humus. Als Schmarotzer oder Parasiten werden Pflanzen bezeichnet, die in oder auf anderen Pflanzen (Wirtspflanzen) vorkommen und ihnen organische Stoffe entziehen, ohne den Wirtspflanzen einen Nutzen zu bieten (Weber 1978, Zander 1953).

In mitteleuropäischen Wäldern gibt es mehrere chlorophylllose Pflanzen. Die Vogel-Nestwurz *(Neottia nidus-avis)* lebt ebenso wie der Fichtenspargel *(Monotropa hipopitys)* saprophytisch. Ein echter Parasit ist die Schuppenwurz *(Lathraea squamaria)*, die man zudem auch zu den Frühblühern zählen kann.

Wegen ihres seltsamen Aussehens und ihrer eigenartigen Lebensweise hat die Schuppenwurz schon immer das Interesse von Botanikern erweckt. Zwar blüht die Schuppenwurz schon sehr früh im Jahr im April und Mai, doch hat sie als Vollparasit eine völlig andere Lebensweise als die übrigen in diesem Buch behandelten Frühblüher. Zur Versorgung mit organischen Stoffen ist sie vollständig auf andere Pflanzen angewiesen. Sie zapft das Wasserleitungssystem ihrer Wirtspflanzen an. Dazu dienen spezielle Organe, die sog. Haustorien, die an den weißen, kräftigen Wurzeln der Schuppenwurz statt der bei anderen Pflanzen üblichen Wurzelhaare gebildet werden.

Abb. 13: Eine junge Pflanze der Schuppenwurz sitzt auf der Wurzel einer Wirtspflanze und zapft diese mit Haustorien an. [aus: Troll 1935 S. 718]

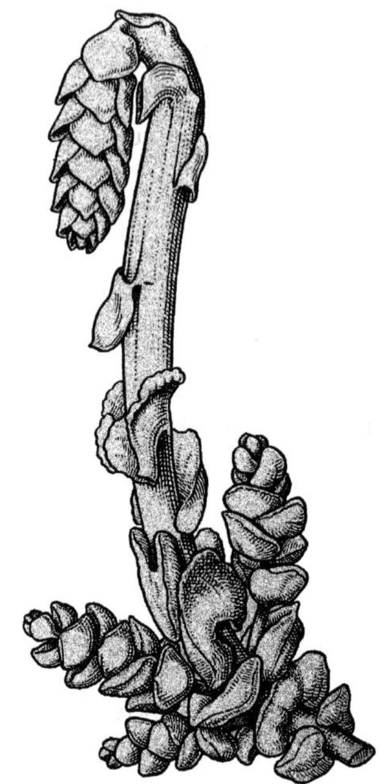

Abb. 14: Junger Spross der Schuppenwurz mit Seitensprossen. [aus: Troll 1935 S. 718]

Am häufigsten parasitiert die Schuppenwurz auf Wurzeln der Haselnuss *(Corylus avellana)*. Man findet sie aber auch auf anderen Gehölzen, z.B. auf der Schwarz-Erle *(Alnus glutinosa)*. Die Samen der Schuppenwurz keimen nur in der Nähe von geeigneten Wirtspflanzen. Sie reagieren auf Ausscheidungen der Wurzeln, welche die Keimung anregen.

Die Hauptwachstums- und Blütezeit der Schuppenwurz liegt deswegen im zeitigen Frühjahr, weil zu dieser Zeit die Reservestoffe in den Wurzeln der Wirtspflanzen mobilisiert und in den Wasserleitungsbahnen nach oben transportiert werden, um Blüten und Blätter aufzubauen. Dieser mit organischen Stoffen angereicherte Pflanzensaft reicht zur Deckung des gesamten Bedarfs der Schuppenwurz aus.

Ein Teil der Sprossachse wächst als unterirdisches Rhizom, das reich verzweigt und dicht mit Schuppen bedeckt ist (Name!). Diese fleischigen Schuppen haben Speicherfunktion. Sie stehen so dicht, dass von der eigentlichen Sprossachse gar nichts zu sehen ist.

An dem etwa 10-25cm hohen, oberirdischen Spross sitzen rundlich bis dreieckig geformte und weiß bis schwach rötlich gefärbte Schuppenblätter. An den mittelgroßen Blüten kann man vier Kelchzipfel erkennen, auf denen locker angeordnet einige lang-gestielte Drüsenhaare sitzen, und eine zweilippige Blütenkrone. Der Kelch ist gelb bis purpurrot gefärbt, die Krone purpurrot, rosa oder weißlich. Die Blüten werden hauptsächlich von Hummeln bestäubt. Vor dem Aufblühen ist die Sprossachse abwärts gekrümmt und schiebt sich auch so aus dem Boden. Beim Aufblühen richtet sie sich dann auf.

Die Schuppenwurz kommt in kleinen Gruppen in feuchten Wäldern vor. Die Standorte sind meist tiefgründig und gut mit Kalk versorgt. Ihr Verbreitungsgebiet erstreckt sich mit Ausnahme von Nordskandinavien über ganz Europa und über den Iran und Afghanistan bis zum westlichen Himalaja.

Die verborgene und unscheinbare Lebensweise verhalf der Schuppenwurz zu ihrem wissenschaftlichen Namen. Der Gattungsname *Lathraea* leitet sich von griechisch »lathraios« = verborgen ab. Die vielen Schuppenblätter auf dem Stängel und auf dem Rhizom sind in dem Artepitheton *squamaria* enthalten (lateinisch »squama« = Schuppe).

9.18 Lippenblütler (Lamiaceae)

Auf Grund der charakteristischen Blütenform lassen sich die etwa 200 Gattungen und 3.000 Arten der Lippenblütler gut gegen andere Pflanzenfamilien abgrenzen. Die zygomorphen Blüten setzen sich aus fünf miteinander verwachsenen Kelchblättern, fünf ebenfalls miteinander verwachsenen Kronblättern, vier oder zwei Staubblättern, die mit der Krone verwachsen sind, und zwei verwachsenen Fruchtblättern zusammen. Der Fruchtknoten bildet vier deutlich getrennte Fächer. Die Krone besteht aus einer Röhre und endet in zwei sog. Lippen, die nach der Lage als Ober- und Unterlippe bezeichnet werden. Bei manchen Gattungen kann die Oberlippe fehlen. Ein weiteres Merkmal der Lippenblütler sind die gegenständigen Blätter und die vierkantigen Stängel.

Viele Lippenblütler werden als Zierpflanzen oder als Küchenkräuter genutzt, z.B. Günsel *(Ajuga)*, Buntnessel *(Coleus)*, Lavendel *(Lavandula)*, Minze *(Mentha)*, Katzenminze *(Nepeta)*, Dost *(Origanum)*, Brandkraut *(Phlomis)*, Salbei *(Salvia)*, Ziest *(Stachys)* und Thymian *(Thymus)*.

Gefleckte Taubnessel *(Lamium maculatum)*

Tafel 11d

Die Gefleckte Taubnessel hat ihren Namen von den auffälligen, karminroten Flecken auf der hellrosa gefärbten Unterlippe (lateinisch »maculatus«

= gefleckt). Die Oberlippe und die Kronröhre sind ebenfalls karminrot gefärbt. Selten ist die Krone rein weiß. Mit einer Lupe kann man viele kurze, weiße, anliegende Haare auf der Oberlippe erkennen. Der Stängel der bis etwa 60cm hoch werdenden Pflanze ist oft rot überlaufen.

Die Gefleckte Taubnessel findet man im zeitigen Frühjahr in feuchten Wäldern, Gebüschen und Hochstaudenfluren. Über Mitteleuropa hinaus kommt sie mit Ausnahme der nördlichen Länder fast in ganz Europa und in vielen gemäßigten Gebieten Asiens vor.

Im Unterschied zu den meisten anderen in diesem Buch vorgestellten Frühblühern blüht die Gefleckte Taubnessel nicht nur im Frühjahr, sondern bis in den Sommer hinein. Sie ist ein Grenzfall für die Lebensform der Frühblüher, wie sie in diesem Buch gemeint sind. Weitere Arten, deren Blühbeginn sehr früh im Jahr ist, die aber auch bis in den Sommer hinein blühen können, sind z.B. Gundermann *(Glechoma hederacea)*, Große Sternmiere *(Stellaria holostea)* und Gemeiner Löwenzahn *(Taraxacum officinale)*.

Eine weitere Taubnessel blüht ebenfalls sehr früh im Jahr. Die Rote Taubnessel *(Lamium purpureum)* kann man aber fast das ganze Jahr hindurch blühen sehen, nur nicht wenn Schnee liegt oder Frost herrscht. Weitere Arten, die vom Frühjahr bis in den Winter hinein blühen können, sind z.B. Gänseblümchen *(Bellis perennis)*, Hirtentäschelkraut *(Capsella bursa-pastoris)*, Einjähriges Rispengras *(Poa annua)* und Gewöhnliches Greiskraut *(Senecio vulgaris)*. Beim Gänseblümchen hat diese Eigenschaft zur Namengebung beigetragen. Das Artepitheton perennis bedeutet »das ganze Jahr hindurch« (lateinisch »per« = durch, lateinisch »annus« = Jahr). Der wissenschaftliche Name bedeutet etwas frei übersetzt »Die Schöne, die das ganze Jahr hindurch blüht« (lateinisch »bellus« = hübsch).

9.19 Korbblütler (Asteraceae)

Die Korbblütler sind mit etwa 1.100 Gattungen und 25.000 Arten eine der größten Familien der Blütenpflanzen, weltweit verbreitet und können auf allen für höhere Pflanzen besiedelbaren Standorten gedeihen. Verbreitungsschwerpunkte sind trockene Gebiete der Tropen und warmgemäßigten Zonen, z.B. im Mittelmeergebiet und in Südafrika.

Gemeinsam ist den zahlreichen Vertretern der Korbblütler der charakteristische Blütenstand. Die Blüten stehen nicht einzeln, sondern in einem kompakten Blütenstand zusammen, den man Körbchen oder Köpfchen nennt. Zahlreiche kleine Einzelblüten stehen dicht zusammen und sind von einer Hülle aus Hochblättern umgeben. Die grünen Hochblätter können in einer oder in mehreren Reihen sitzen und überlappen sich dann. Die Einzelblüten können röhrenförmig oder zungenförmig ausgebildet sein. Bei röhrenförmigen Blüten sind die (meist fünf) Kronblätter zu einer Röhre verwachsen, bei den zungenförmigen Blüten sind drei oder fünf Kronblätter zu einer flachen Zunge verwachsen. An einer Pflanze können entweder zungen- und röhrenförmige Blüten gemeinsam vorkommen oder nur einer von beiden Typen. Bei der Sonnenblume kann man beide Blütentypen mit dem bloßen Auge gut unterscheiden, beim Gänseblümchen fällt dies schon etwas schwerer.

Auf den ersten Blick kann man ein einzelnes Köpfchen mit einer Einzelblüte verwechseln. Biologisch, d.h. in seiner Wirkung auf bestäubende Insekten, funktioniert ein Köpfchen auch wie eine Einzelblüte.

Unter den Korbblütlern gibt es einige Nahrungspflanzen (z.B. Chicorée – *Cichorium intybus* var. *foliosum*, Artischocke – *Cynara scolymus*, Sonnenblume – *Helianthus annuus*, Salat – *Lactuca sativa*) und viele Zierpflanzen (z.B. Arten der Gattungen Aster – *Aster*, Ringelblume – *Calendula*, Sommeraster – *Callistephus*, Dahlie – *Dahlia*, Chrysantheme – *Dendranthema*, Kugeldistel – *Echinops*, Gerbera – *Gerbera*, Strohblume – *Helichrysum*, Greiskraut – *Senecio*, Goldrute – *Solidago*, Studentenblume – *Tagetes*).

Zwei heimische Arten sind Frühblüher.

Gemeine Pestwurz *(Petasites hybridus)*

Tafel 8d

Die Gemeine Pestwurz hat die größten Blätter unserer heimischen Pflanzen. Diese kann man allerdings erst nach der Blüte sehen. Sie schieben sich aus dem Boden, wenn die Pflanzen weitgehend verblüht sind. Ihre Form erinnert an die Blätter der Kletten, allerdings sind diese eher herzförmig gestaltet, die Pestwurz-Blätter dagegen sind eher rundlich bis nierenförmig. Am Rand sind sie gleichmäßig gezähnt, am Grund stark eingeschnitten. Ausgewachsen haben sie eine Breite von bis zu 60cm, im Extremfall können sie auch mal einen Meter Durchmesser erreichen.

Die Blüten erscheinen im März. Sie stehen in zahlreichen Köpfchen zusammen in einer länglichen Traube am Ende des purpurfarbenen Stängels, an dem auch noch einige ebenso gefärbte Schuppenblätter sitzen. Die Blütenköpfchen sind kleiner als ein Zentimeter. Die Blüten haben eine schmutzigrote Farbe, manchmal sind sie auch ganz weiß. Die gesamte Pflanze riecht etwas unangenehm.

Typische Standorte der Pestwurz sind Bach- und Flussufer. Sie bevorzugt nährstoffreiche, tonige und lehmige Böden. Auf Sand kommt sie äußerst selten vor. Meistens bildet sie große Herden und kann viele Quadratmeter einnehmen. Auch in sumpfigen Wiesen und an feuchten Waldrändern breitet sie sich aus. Unterirdisches Speicherorgan ist ein Rhizom. Das Verbreitungsgebiet der Pestwurz erstreckt sich über ganz Europa.

Wie der deutsche Name bereits vermuten lässt, ist die Pestwurz eine alte Heilpflanze. Sie wurde allerdings nicht gegen die Pest eingesetzt. Der Name ist aus der alten Bezeichnung »Pestilenzwurz« hervorgegangen. Leonhart Fuchs beschreibt ihre vielfältige Wirkung in seinem Kräuterbuch von 1543 mit den folgenden Worten:

»Pestilentzwurtz gedoert unnd gepuluert in die boesen umbfressenden wunden unnd geschwaer gethon heylet dieselbigen. Sie ist auch ein koestliche artzney wider die gifftigen und pestilentzischen feber ein latwerg mit hoenig darauß gemacht. Treibt den schweyß mit gewalt auß. Desgleichen thut diß puluer auch so es mit wein vermengt getruncken würt. Sie ist auch ein bewaerte und krefftige artzney wider das grimen und auffsteigen der muter in gleicher massen ingenomen. Diese wurtzel der gestalt gebraucht toedt die würm im leib nit allein der menschen sonder auch der pferden. Sie ist nützlich un gut denen so schwerlich athmen. Treibt den harn und bringt den frawen jrezeit. Heylet die seer seichten wunden unnd andere unreynigkeyt der haut.«

Eine nahe Verwandte ist die Weiße Pestwurz, die ebenfalls im März zu blühen beginnt, aber nur im Bergland vorkommt.

Tab. 11: Unterschiede der beiden frühblühenden Pestwurz-Arten.

Merkmal	Gemeine Pestwurz *(Petasites hybridus)*	Weiße Pestwurz *(Petasites albus)*
Blütenfarbe	schmutzigrot bis rotweiß, selten weiß	weißlich-gelb
Stängelschuppen	rötlich	hellgrün
Unterseite der Laubblätter	grün	grau- bis weißfilzig
Rand der Laubblätter	gleichmäßig gezähnt	doppelt gezähnt
Blattstiel	an den Seiten gerippt, hohl, über die ganze Länge oberseits tief gefurcht	an den Seiten glatt, markerfüllt, nur in der oberen Hälfte leicht gefurcht
Durchmesser der Blattspreite	bis 60cm	bis 40cm

Huflattich *(Tussilago farfara)*

Tafel 3f; Tafel 4d

Der Huflattich ist eine Pionierpflanze. Er besiedelt offene, gestörte Stellen, z.B. an Straßen und Wegen, an Ackerrändern und auf Schutt. Häufig ist er auch an Abbaustellen zu finden, z.B. in Ziegelei-, Lehm-, Ton- und Kiesgruben. Seine bevorzugten Standorte sind lehmige, kalkhaltige, mehr oder weniger tiefgründige Böden. Mit seinen tief reichenden Wurzeln und seinen bis fast zwei Meter langen, unterirdisch kriechenden Wandersprossen kann er lockeren, rutschigen Boden befestigen, z.B. an steilen Böschungen. Er ist über ganz Europa verbreitet und kommt darüber hinaus auch in West- und Nordasien sowie in Nordafrika vor. Nach Nordamerika wurde er eingeschleppt.

Als einer der allerersten Frühblüher tritt der Huflattich gern in großen Herden auf. Seine goldgelben Blütenstände sind im zeitigen Frühjahr auffällige Farbkleckse. Jedes Blütenköpfchen besteht aus ca. 30-40 Röhrenblüten und ca. 300 Zungenblüten. Die Bezeichnungen Röhren- und Zungenblüten beziehen sich auf die Form der Blütenhüllen, die röhren- bzw. zungenförmig ausgebildet sind. Wegen ihrer Lage auf der Mitte der Blütenscheibe werden die Röhrenblüten auch Scheibenblüten genannt, die Zungenblüten bezeichnet man auch als Randblüten. Die Scheibenblüten sind beim Huflattich rein männlich (d.h. nur mit Staubblättern), die Randblüten weiblich (nur mit Fruchtblättern).

Bemerkenswert ist die Bewegung der Blütenköpfchen im Laufe ihrer Entwicklung. Zu Beginn der Blüte stehen sie aufrecht, neigen sich nach der Bestäubung nach unten und richten sich zur Reifezeit der Früchte wieder auf. Man hat schon viele Vermutungen angestellt, warum der Blütenstand erst aufrecht steht, dann hängt und sich schließlich wieder aufrichtet. Eine nachvollziehbare Erklärung gibt es bisher nicht. Auch die Vermutung, die Reifung der Früchte könnte sich durch eine stärkere Besonnung und Erwärmung des Köpfchenbodens beschleunigen, hat sich nach experimentellen Untersuchungen nicht bestätigt.

Zur Blütezeit des Huflattichs sucht man Laubblätter vergeblich. Am Blütenstängel sind lediglich einige rote oder grüne Schuppenblätter zu sehen. Die Laubblätter erscheinen wie bei der Pestwurz erst gegen Ende der Blütezeit. Der erste Teil des deutschen Namens bezieht sich auf den hufähnlichen Umriss der Blätter. Sie können ausgewachsen bis 30cm im Durchmesser erreichen und ähneln den Blättern der Pestwurz, die aber den doppelten Durchmesser erreichen können. Die Blätter des Huflattichs sind zuerst oben und unten weißwollig-filzig behaart. Auf der Oberseite verschwindet die Behaarung rasch wieder. Die Unterseite bleibt davon bedeckt. Die Haare stehen so dicht, dass sie sogar die Blattnerven verbergen.

Der Huflattich ist eine alte Arzneipflanze, die als Hustenmittel verwendet wurde. Der wissenschaftliche Name stammt von lateinisch »tussis« = Husten und lateinisch »agere« = vertreiben ab, er bezeichnet also ein Hustenmittel.

9.20 Liliengewächse (Liliaceae)

Die Liliengewächse sind eine der größten Pflanzenfamilien. Ihre etwa 250 Gattungen mit ca. 3.500 Arten sind weltweit verbreitet. In modernen Darstellungen wird die Familie stärker untergliedert und auch viele der hier vorgestellten Arten werden diesen neuen Familien zugeordnet (z.B. Bär-Lauch – *Allium ursinum* den Alliaceae, Maiglöckchen – *Convallaria majalis* und Vielblütige Weißwurz – *Polygonatum multiflorum* den Convallariaceae, Dolden-Milchstern – *Ornithogalum umbellatum* und Zweiblättriger Blaustern – *Scilla bifolia* den Hyacinthaceae, Einbeere – *Paris quadrifolia* den Trilliaceae). Zu den Liliengewächsen im engeren Sinne zählt in den neueren Darstellungen z.B. noch der Wald-Gelbstern *Gagea lutea*. Aus Gründen der Übersichtlichkeit und weil die Diskussionen darüber noch nicht abgeschlossen sind, wird die alte große Familie der Liliengewächse hier zusammenfassend dargestellt.

Gewöhnlich haben die Liliengewächse sechs mehr oder weniger gleich gestaltete Blütenblätter (Perigonblätter) in zwei Kreisen zu je drei, die frei stehen oder miteinander verwachsen sein können. Darauf folgen gewöhnlich sechs Staubblätter und ein aus drei miteinander verwachsenen Fruchtblättern bestehender Fruchtknoten.

Liliengewächse haben eine sehr hohe Bedeutung als Zierpflanzen. Die bekanntesten und beliebtesten sind wohl die Tulpen *(Tulipa)*. Aber auch viele andere Gattungen bringen schöne Arten hervor, z.B. Schmucklilien *(Agapanthus)*, Aloe *(Aloe)*, Grünlilie *(Chlorophytum)*, Zeitlose *(Colchicum)*, Maiglöckchen *(Convallaria)*, Steppenkerze *(Eremurus)*, Hundszahn *(Erythronium)*, Kaiserkrone *(Fritillaria)*, Taglilie *(Hemerocallis)*, Funkie *(Hosta)*, Hyazinthe *(Hyacinthus)*, Fackellilie *(Kniphofia)*, Lilien *(Lilium)*, Traubenhyazinthe *(Muscari)* und Blaustern *(Scilla)*.

Von den weltweit mehr als 250 Allium-Arten werden viele als Gemüse- oder Gewürzpflanzen angebaut, z.B. Perlzwiebel *(Allium ampeloprasum)*, Schalotte *(A. ascalonicum)*, Küchenzwiebel *(A. cepa)*, Porree *(A. porrum)*, Knoblauch *(A. sativum)* und Schnittlauch *(A. schoenoprasum)*.

Ein großer Teil der Liliengewächse besitzt unterirdische Speicherorgane.

Meistens sind es Zwiebeln, es kommen aber auch Rhizome und Knollen vor. Es verwundert daher nicht, dass unter den heimischen Arten viele Frühblüher sind.

Bär-Lauch *(Allium ursinum)*

Tafel 2d; Tafel 12c

Einen Laubwald mit Bär-Lauch erkennt man im Frühjahr auch mit geschlossenen Augen. Der intensive knoblauchähnliche Geruch, den vor allem die Blätter verströmen, ist unverwechselbar. Da der Bär-Lauch häufig ausgedehnte Bestände bildet, erfüllt der Duft von Tausenden von Pflanzen die Wälder.

Im Vergleich zu vielen anderen Frühblühern stellt der Bär-Lauch sehr hohe Ansprüche an die Nährstoffversorgung und an die Feuchteverhältnisse seiner Wuchsorte. Er kommt in feuchten, schattigen, humusreichen und tiefgründigen Laubwäldern vor. Typische Standorte sind Schluchtwälder, Auenwälder und Waldbäche. Sein Verbreitungsgebiet umfasst ganz Europa, den Kaukasus und Sibirien bis zur Halbinsel Kamtschatka.

Der Bär-Lauch hat eine schlanke, etwa zwei bis vier Zentimeter lange Zwiebel. Sie wird aus den fleischig verdickten unteren Blattteilen der beiden Laubblätter gebildet, die aus jeder Zwiebel herauswachsen. Die Blattflächen sind elliptisch geformt und lang gestielt.

Der Blütenstand ist eine Scheindolde, besteht aus bis zu 20 gestielten Einzelblüten und sitzt am Ende des bis 50cm langen, dreikantigen oder runden Stängels. Die Perigonblätter sind leuchtend weiß gefärbt. Am kräftig grün gefärbten Fruchtknoten kann man mit bloßem Auge drei deutliche Furchen erkennen. Die Blütezeit erstreckt sich über die Monate April bis Juni. Für einen Frühblüher blüht er vergleichsweise spät. Die Bestände sind meistens voll aufgeblüht, wenn die Buchen ihr Laub austreiben.

Warum die Pflanze nach dem Bären benannt wurde (lateinisch »ursus« = Bär) ist unbekannt. Man könnte vermuten, dass es sich um diejenige Allium-Art handelt, die in demselben Lebensraum vorkommt, den auch Bären bewohnen, dem Wald.

Maiglöckchen *(Convallaria majalis)*

Tafel 2c

Das erste, was man im Frühjahr vom Maiglöckchen sehen kann, sind die beiden frischgrünen, anfangs eingerollten, bis 20cm hoch wachsenden Laubblätter, die sich im April aus dem Boden schieben. Die Hauptachse der Pflanze ist als Rhizom ausgebildet, sie liegt unterirdisch und ist stark verzweigt. Daher sieht man auch nie ein einzelnes Maiglöckchen, sondern immer eine ganze Herde. Anfang Mai kommen dann die weißen, wohlriechenden Blüten, die zu 5-10 an den Blütensprossen sitzen. Der Blüh-Monat Mai steckt gleich zweimal im Pflanzennamen, im deutschen und im wissenschaftlichen (lateinisch »maius« = Mai). Die Früchte des Maiglöckchens sind kräftig rot gefärbte Beeren.

Ist der Standort nicht warm genug oder zu nährstoffarm, blühen die Pflanzen nicht und man sieht nur die beiden Laubblätter. Bei zu ungünstigen Bodenverhältnissen entwickelt sich nur ein Laubblatt je Trieb. Die von Carl von Linné festgestellten Standortbedingungen des Maiglöckchens sind verantwortlich für den Gattungsnamen. *Convallaria* ist abgeleitet von lateinisch »convallis« = hohler Talkessel, hohe Talwände. In der englischen Sprache ist dies auch noch erhalten, dort heißt das Maiglöckchen »Lily-of-the-valley«.

Das Maiglöckchen ist fast in ganz Europa verbreitet und kommt auch in den gemäßigten Teilen Asiens und Nordamerikas vor. Es bevorzugt Standorte mit Kalk-Untergrund. Da es auch als Gartenpflanze sehr beliebt ist, kann es manchmal auch von Gärten aus verwildern. Solche Vorkommen werden als Gartenflüchtlinge bezeichnet.

Schaut man sich die Blattfolge beim Maiglöckchen an, sieht man zuerst mehrere braun gefärbte Niederblätter. Aus dem obersten (= innersten) entspringt als Seitenspross ein blütentragender Spross. Über den Niederblättern sitzen noch zwei (selten auch drei) voll ausgebildete Laubblätter. Alle Blätter – Niederblätter und Laubblätter – sind an der Basis (also bei den Blattscheiden) eingerollt. So wirkt es, als ob die oberen Blätter aus den unteren herauswachsen. Bei den beiden Laubblättern bilden die beiden stark eingerollten Blattscheiden eine sog. Scheinachse. Diese Scheinachse wirkt täuschend echt, da sie sich auch nicht mit den Fingern zusammendrücken lässt. Tatsächlich sind aber nur die beiden eingerollten Blattstiele an der Bildung beteiligt, was man erkennen kann, wenn man diese Scheinachse mit einem Messer durchschneidet.

Morphologisch handelt es sich bei den oberirdischen Teilen des Maiglöckchens um Verzweigungen des unterirdischen Rhizoms, das den Pflanzen als Speicherorgan dient.

Die Blüten des Maiglöckchens sitzen in einer Traube. Auffällig ist, dass sie einseitswendig sind, d.h. sämtliche Blüten eines Blütenstandes sind nach einer Seite ausgerichtet. Sie entspringen jedoch an Stellen rund um den Stängel.

Wald-Gelbstern *(Gagea lutea)*

Tafel 3e; Tafel 10d

Der Wald-Gelbstern ist eine kleine, auch im voll aufgeblühten Zustand unauffällige Pflanze. Jeder Blütenstand besteht aus maximal 10 gelben Blüten. Die sechs goldgelben Perigonblätter tragen außen einen grünen Rückenstreifen, auf der Innenseite sind sie leicht glänzend. Der Wald-Gelbstern blüht von März bis Mai.

Am Stängel sitzen unter dem Blütenstand zwei Laubblätter, das obere ist immer deutlich kleiner als das untere. Ein weiteres langes und schmales Laubblatt sitzt am Stängelgrund. An der Spitze ist es wie eine Mütze zusammengezogen und kann dadurch eindeutig von den Blättern anderer Frühblüher im Wald unterschieden werden.

Unter der Erde sitzt eine kleine Zwiebel. Andere mitteleuropäische Gelbstern-Arten haben daneben noch eine zweite oder auch eine dritte Zwiebel, die aber keine Blütenstände tragen.

Abb. 15: Aufbau eines Maiglöckchen-Sprosses mit Niederblättern, dem blütentragenden Seitenspross und zwei Laubblättern. [aus: Troll 1954 S. 183]

Der Wald-Gelbstern (manchmal auch Wald-Goldstern genannt) kommt in fast ganz Europa sowie im Kaukasus und in Sibirien vor. Seine Standorte sind vielfältig und reichen von relativ nährstoffreichen Laubwäldern und Gebüschen bis zu Gärten, Weinbergen, Wiesen und Bachrändern.

Der Gattungsname *Gagea* erinnert an den englischen Adligen und Botaniker Sir THOMAS GAGE (1781-1820).

Dolden-Milchstern *(Ornithogalum umbellatum)*

Tafel 1d; Tafel 9g

Der Gattungsname *Ornithogalum* wurde aus den griechischen Wörtern »ornis« (Genitiv »ornithos«) = Vogel und »gala« = Milch zusammengesetzt. Mit Vogelmilch ist das Weiße im Vogelei gemeint, was wiederum auf die weiße Blütenfarbe der meisten Arten dieser Gattung hindeutet. Die etwa 100 *Ornithogalum*-Arten kommen vor allem in Südeuropa und im Orient vor. Einige wurden früher als Zierpflanzen in Gärten gehalten und verwilderten dann.

Dies trifft auch auf den Dolden-Milchstern *(Ornithogalum umbellatum)* zu, der besonders in Bauerngärten beliebt war und von dort auf Äcker und Wiesen verschleppt wurde. So sind vermutlich alle heutigen mitteleuropäischen Vorkommen nördlich der Alpen nicht als ursprünglich zu betrachten, sondern müssen auf unbeabsichtigtes Verschleppen zurückgeführt werden.

Aus der unterirdischen Zwiebel entspringen 5-10 lange Laubblätter, die länger sind als der zentrale Blütenstängel. Die Blüten des Dolden-Milchsterns sind mit 4-5cm Durchmesser vergleichsweise groß. Sie stehen zu mehreren in einer sog. Doldentraube zusammen. Dies bedeutet, dass der Blütenstand auf den ersten Blick wie eine Dolde aussieht, in Wirklichkeit aber eine Traube ist. Die Blüten an einer Pflanze stehen alle in einer Ebene zusammen, was aber nicht dadurch kommt, dass die Blüten wie bei einer Dolde aus einem einzigen Punkt entspringen, sondern sie sitzen an verschieden hohen Stellen des Stängels und kommen in eine Ebene durch unterschiedliche Längen der Blütenstiele. Unter den sechs leuchtend weißen Perigonblättern sieht man einen deutlichen, grünen Rückenstreifen.

Die Blütezeit des Dolden-Milchsterns liegt im Mai und Juni. Seine großen, leuchtenden Blüten fallen dann zwischen den Grasblättern immer noch gut auf.

Einbeere *(Paris quadrifolia)*

Tafel 5e

Für ein Liliengewächs hat die Einbeere einen ungewöhnlichen Blütenaufbau. Jedes Blütenorgan (äußeres und inneres Perigonblatt, Staubblatt, Fruchtblatt) ist in Vierzahl vorhanden und nicht wie sonst bei Liliengewächsen und anderen Einkeimblättrigen Pflanzen üblich in Dreizahl. Auch die Blätter weichen von denen ihrer Verwandten ab. Am Stängel der Einbeere, der bis 40cm hoch werden kann, sitzen etwas oberhalb der Mitte meistens vier Laubblätter fast quirlständig ziemlich nah beieinander. Die Anzahl der Laubblätter ist so auffällig, dass sie zur Namensgebung der Art beigetragen hat (lateinisch »quadri-« = vier, lateinisch »-folius« = blättrig). Ungewöhnlich ist aber nicht nur die Anzahl der Laubblätter, sondern auch ihre Nervatur. Die Blattnerven sind nämlich netznervig, wie es ansonsten bei Zweikeimblättrigen Pflanzen üblich ist. Der Aronstab *(Arum maculatum)* hat ebenfalls nicht die für Einkeimblättrige Pflanzen typischen parallel- oder bogennervigen Blätter.

An jedem Blütentrieb der Einbeere sitzt über den Laubblättern eine einzelne Blüte. Die Blüte wird häufig von Fliegen besucht. Dies ist erstaunlich, da die Pflanze den Insekten nichts zu bieten hat, sie erzeugt nämlich keinen Nektar und ist außerdem völlig geruchlos. Die Fliegen werden vermutlich von dem glänzenden, wie flüssig aussehenden Fruchtknoten angelockt, der kleinen Aasfliegen faulendes Fleisch vortäuscht. Blütenökologisch gesehen handelt es sich um eine sog. Fliegentäuschblume. Eine weitere Fliegentäuschblume der heimischen Flora ist das Sumpf-Herzblatt *(Parnassia palustris)*. Hier täuschen umgewandelte Staubblätter den Fliegen Nektartropfen vor.

Die Einbeere hat als Speicherorgan ein unterirdisches, verzweigtes Rhizom, das mit wenigen Niederblättern besetzt ist. Jedes Jahr wächst dieses Rhizom ein kurzes Stück weiter. Im Unterschied zum Salomonssiegel und zum Busch-Windröschen richtet sich bei der Einbeere jedoch nicht die Hauptachse auf und wächst oberirdisch weiter. Hier ist es vielmehr ein Seitentrieb, der aus der Achsel eines der jährlich gebildeten Niederblätter entspringt und nach oben wächst. Bei jungen Pflanzen sitzen nur Laubblätter an dem oberirdischen Trieb, bei älteren auch eine endständige Blüte. Der Haupttrieb wächst unterirdisch weiter.

Der wissenschaftliche Name erinnert an Paris, eine Sagengestalt der griechischen Mythologie. Als einfacher Hirte entschied er einen Schönheitswettbewerb, indem er der Schönsten von drei Göttinnen einen Apfel überreichte. An diesen Apfel soll der glänzende Fruchtknoten der Einbeere erinnern. Die vier stängelständigen Blätter sollen Paris und die drei Göttinnen symbolisieren.

Abb. 16: Unterirdisches Rhizom mit blühenden, oberirdischen Seitentrieben bei der Einbeere. [aus: TROLL 1935 S. 708]

Die Einbeere braucht humusreiche und etwas feuchte Standorte. Sie wächst in Laubwäldern auf unterschiedlichem Untergrund. Außer im Mittelmeergebiet kommt sie in ganz Europa sowie in Kleinasien und Sibirien vor. Sie blüht hauptsächlich im Mai.

Vielblütige Weißwurz, Salomonssiegel (*Polygonatum multiflorum*)

Tafel 1e; Tafel 9h

Das unterirdische Speicherorgan des Salomonssiegels gab der Pflanze ihren Namen. Es ist ein verdicktes, weiß gefärbtes Rhizom, das aus bis zu 20 Abschnitten bestehen kann. Jeder Abschnitt entspricht einem Jahrestrieb. Der Blütentrieb, der jedes Jahr aus der Erde wächst, ist das Ende des Rhizoms. Dieses wächst im Frühjahr nicht mehr horizontal weiter, sondern richtet sich auf und wächst aus der Erde heraus. Nach der Fruchtbildung stirbt der oberirdische Trieb ab und hinterlässt eine deutliche, runde Narbe, die wie ein Siegelabdruck wirkt und der Pflanze den Namen Salomonssiegel eingebracht hat. Der wissenschaftliche Gattungsname Polygonatum lässt sich von griechisch »poly« = viel, zahlreich und griechisch »gony« (Genitiv

»gonatos«) = Knie ableiten und bezieht sich ebenfalls auf das knotenförmige Rhizom. Neben der Narbe des Blütentriebes erkennt man an jedem Rhizomabschnitt mehrere Streifen. Dies sind Blattnarben von Niederblättern, die das Rhizom fast ganz umschließen, aber sehr schnell absterben. Aus der Achsel des jüngsten Niederblattes (also des Blattes, das der Narbe des Blütentriebes am nächsten steht) wächst das Rhizom weiter und richtet sich schließlich im folgenden Frühjahr wieder in vertikaler Richtung auf. Der Vorgang beginnt von neuem. Beim Busch-Windröschen *(Anemone nemorosa)* werden die Blütentriebe ähnlich gebildet, die abgestorbenen Triebe hinterlassen aber nicht so deutliche Narben, so dass eine Gliederung des Rhizoms nach Jahrgängen beim Busch-Windröschen nicht so einfach möglich ist.

Die oberirdischen Triebe können bis zu einem Meter hoch werden. Sie wachsen bogenförmig und tragen die elliptischen Laubblätter in zwei Reihen. Die Blätter sind auf der Oberseite dunkelgrün gefärbt und auf der Unterseite graugrün bereift. Die gestielten Blüten des Salomonssiegels sitzen zu zweit bis fünft in den Achseln der Laubblätter. Sie erscheinen im Mai. Die Früchte sind bis fast 1cm große, blauschwarze, bereifte Beeren.

Das Verbreitungsgebiet des Salomonssiegels erstreckt sich über fast ganz Europa und die gemäßigten Gebiete Asiens und Nordamerikas. Hier ist es in Laubwäldern nicht selten.

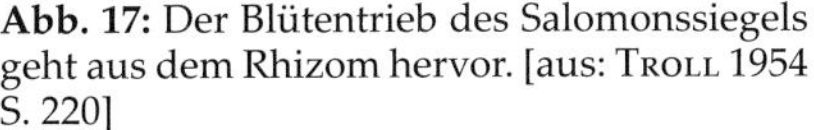

Abb. 17: Der Blütentrieb des Salomonssiegels geht aus dem Rhizom hervor. [aus: Troll 1954 S. 220]

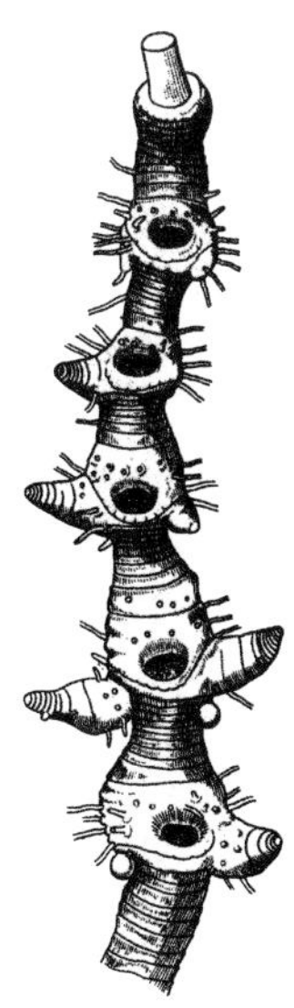

Abb. 18: Rhizom des Salomonssiegels mit den Jahrestrieben und den Abbruchstellen der Blütentriebe. [aus: Troll 1954 S. 220]

Zweiblättriger Blaustern *(Scilla bifolia)*

Der Zweiblättrige Blaustern ist – wie auch andere Arten dieser Gattung – eine beliebte Gartenpflanze. Von dort aus ist er gelegentlich verwildert. Natürliche Vorkommen sind in Mitteleuropa selten und beschränken sich auf Flusstäler in Süd- und Ostdeutschland.

Jede Zwiebel trägt zwei grundständige, relativ breite Laubblätter, die den Blütenstängel fast bis zur Mitte umschließen. Das Artepitheton bifolia wurde aus den lateinischen Wörtern »bi« = zweimal und »-folius« = blättrig zusammengesetzt und bezieht sich auf diese beiden Blätter. Der traubige Blütenstand besteht aus 5-10 blau, selten auch rötlich oder weiß gefärbten Blüten.

Ähnlich wie *Scilla bifolia* blüht auch *Scilla sibirica* (Sibirischer Blaustern, Tafel 14,c) schon ab März und verwildert manchmal aus Gärten.

Tab. 12: Unterschiede der beiden frühblühenden Blaustern-Arten.

Merkmal	Zweiblättriger Blaustern *(Scilla bifolia)*	Sibirischer Blaustern *(Scilla sibirica)*
Blütenstand	5-10-blütig	1-3-blütig
Blütenstiele	aufrecht-abstehend, länger als die Blüten	abstehend-nickend, kürzer als die Blüten
Blütenstängel	1 je Zwiebel	meist 2 je Zwiebel
Blätter	meist 2	meist mehr als 2

9.21 Narzissengewächse (Amaryllidaceae)

Die Narzissengewächse mit etwa 75 Gattungen und 1.100 Arten sind vor allen Dingen aus gärtnerischer Sicht eine wichtige Familie. Darüber hinaus haben sie keine wirtschaftliche Bedeutung. Ihre Hauptverbreitung liegt in den tropischen und warmgemäßigten Gebieten der Erde.

Die meisten Narzissengewächse haben Zwiebeln und sind sommergrün bzw. regengrün, d.h. in Gebieten mit Regen- und Trockenzeiten blühen sie nach den Regenzeiten. Die Blätter sind schmal und lineal (grasartig) und bilden in der Regel einen Schopf am oberen Ende der Zwiebel. Der Blütenstand besteht aus einem Schaft und einer endständigen Dolde, die jedoch auf wenige oder sogar eine einzige Blüte reduziert sein kann (z.B. bei den heimischen Arten Schneeglöckchen und Märzenbecher).

Die Blüten der Narzissengewächse ähneln denen der Liliengewächse. Wie diese haben sie eine Blütenhülle aus sechs Perigonblättern, die in zwei Kreisen angeordnet sind und frei oder miteinander verwachsen sein können. Im Unterschied zu den Liliengewächsen ist der Fruchtknoten bei den Narzissengewächsen aber unterständig. Unter der Ansatzstelle der Perigonblätter kann man bei diesen Arten eine Verdickung des Blütenstiels erkennen. Er entsteht dadurch, dass der Blütenstiel den Fruchtknoten einschließt und mit diesem verwächst. Einige Gattungen entwickeln eine sog. Nebenkrone (z.B. Schönlilien - *Hymenocallis*, Narzissen - *Narcissus* und Trichternarzissen - *Pancratium*). Dies sind Auswüchse auf der Oberfläche der Perigonblätter.

Die für den Gartenbau wichtigste Vertreterin ist mit mehreren tausend Sorten vermutlich die Osterglocke *(Narcissus pseudonarcissus)*. Darüber hinaus sind auch viele weitere Arten beliebte Gartenpflanzen, z.B. Belladonnalilie *(Amaryllis belladonna)*, Hakenlilie *(Crinum* x *powellii)*, Schneeglöckchen (*Galanthus*-Arten), Märzenbecher (*Leucojum*-Arten), Gewitterblumen (*Sternbergia*-Arten) und Zephirblume *(Zephyranthes candida)*. Als Zimmerpflanzen werden z.B. Riemenblatt *(Clivia miniata)* und Amaryllis (*Hippeastrum*-Hybriden) gerne kultiviert.

Schneeglöckchen *(Galanthus nivalis)*

Tafel 1f; Tafel 9e

Das Schneeglöckchen ist einer der ersten Frühblüher sowohl im Garten als auch in der freien Natur. Man kann die zarten, weißen Blüten im Februar und März in Laubwäldern, Hecken und Gebüschen, Parkanlagen und Wiesen entdecken. Die Vorkommen in der freien Landschaft lassen sich zum großen Teil auf Gartenabfälle oder benachbarte Gärten zurückführen, von denen die Art sich ausgebreitet hat. Da das Schneeglöckchen schon sehr lange eine beliebte Gartenpflanze ist, lässt sich heute das ursprüngliche Verbreitungsgebiet vor allem in Mitteleuropa nicht mehr genau feststellen. Heimisch ist die Pflanze in Süd- und Südosteuropa sowie in Kleinasien. Auch in Süddeutschland und Frankreich gibt es ursprüngliche Vorkommen.

Seinen Namen hat das Schneeglöckchen von der frühen Blütezeit. Der wissenschaftliche Name lässt sich frei übersetzen mit »milchfarbene Blume im Schnee« (griechisch »gala« = Milch, griechisch »anthos« = Blüte, Blume, lateinisch »nivalis« = Schnee-, schneeweiß).

Die Blüten des Schneeglöckchens stehen einzeln am Ende eines Blütentriebes, sie sind nickend und duften schwach. Die sechs Perigonblätter stehen in zwei Kreisen. Die drei Blütenblätter des äußeren Kreises sind reinweiß und elliptisch. Die drei inneren sind etwas kürzer, herzförmig und an der Spitze tief ausgerandet. Sie stehen aufrecht und bilden eine Art Nebenkrone. Auf der Innenseite der weißen Blütenblätter sind grüne Streifen zu erkennen, auf der Außenseite haben sie an der Spitze einen halbmondförmigen grünen Fleck.

Die Zwiebeln des Schneeglöckchens sind nach einem einheitlichen Schema aufgebaut. Jedes Jahr werden zuerst ein röhrenförmiges Niederblatt und dann zwei Laubblätter gebildet. In der Achsel des oberen Laubblattes entspringt ein Seitenspross, der eine einzelne Blüte trägt. Nach dem Verblühen entspringen weitere blütenlose Seitensprosse aus den Achseln des Niederblattes und des unteren Laubblattes. Die rundliche Zwiebel ist außen von braunen, trockenhäutigen Schalen umgeben. Dies sind die Reste der vorjährigen Blätter.

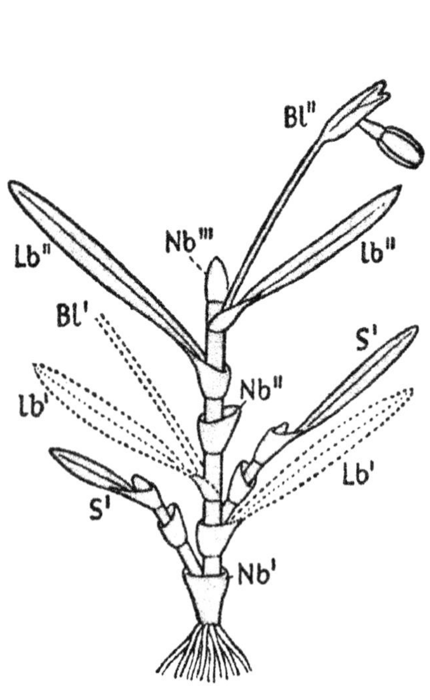

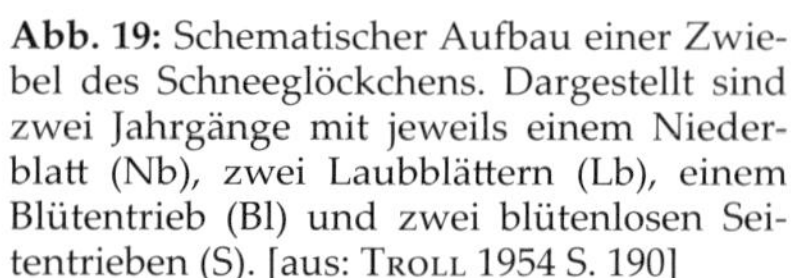
Abb. 19: Schematischer Aufbau einer Zwiebel des Schneeglöckchens. Dargestellt sind zwei Jahrgänge mit jeweils einem Niederblatt (Nb), zwei Laubblättern (Lb), einem Blütentrieb (Bl) und zwei blütenlosen Seitentrieben (S). [aus: TROLL 1954 S. 190]

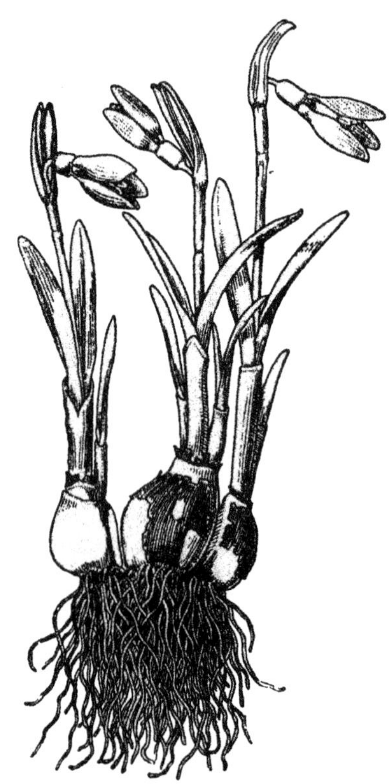

Abb. 20: Gruppe von Zwiebeln des Schneeglöckchens, die aus einer Verzweigung der mittleren Zwiebel hervorgegangen ist. [aus: TROLL 1954 S. 190]

Märzenbecher *(Leucojum vernum)*

Tafel 1c Tafel 9f

Die Gattung *Leucojum* (Knotenblume) umfasst etwa 10 Arten, die vor allem im Mittelmeergebiet beheimatet sind. In Mitteleuropa kommt die Frühlings-Knotenblume *(Leucojum vernum)* wild vor. Wegen der frühen Blütezeit – sie beginnt im Februar oder März – wird sie auch Märzenbecher genannt. Das Artepitheton *vernum* weist auch darauf hin (lateinisch »ver« = Frühling).

Der Name *Leucojum* wurde auch schon vor LINNÉ verwendet, allerdings für zwei völlig verschiedene Gruppen von Pflanzen: zum einen für die auch heute noch so genannten Knotenblumen, zum anderen für verschiedene Kreuzblütler (Brassicaceae), darunter z.B. die in der deutschen Sprache noch so genannte Levkoje *(Matthiola incana)*, eine Zierpflanze aus dem Mittelmeergebiet. *Leucojum* ist zusammengesetzt aus dem griechischen Wort »leukos« = weiß und aus dem antiken Namen »ion« für das Veilchen.

Der Märzenbecher ist eine Zwiebelpflanze. Verglichen mit anderen heimischen Frühblühern ist seine rundliche Zwiebel mit etwa 2cm Durchmesser relativ groß. An jedem Trieb, der aus der Zwiebel kommt, sitzen 3-4 längliche Laubblätter und am Ende ein, selten auch zwei glockenförmige, nickende Blüten. Jedes der sechs weißen Perigonblätter hat an der Spitze einen kleinen, gelbgrünen Fleck.

Wildwachsend kommt der Märzenbecher nur in den südlichen und mittleren Gebieten von Mitteleuropa vor. Die Bestände in Norddeutschland sind wohl alle aus Gärten verwildert. Auch das Hauptverbreitungsgebiet der Art liegt in Mitteleuropa, daneben gibt es Vorkommen in den Pyrenäen. Schattige und etwas feuchte Laubwälder sind die bevorzugten Lebensräume des Märzenbechers.

9.22 Aronstabgewächse (Araceae)

Die über 100 Gattungen und mehr als 2.000 Arten der Familie der Aronstabgewächse wachsen hauptsächlich in den Tropen. Die meisten davon sind krautig und haben unterirdische Knollen oder Rhizome. Einige wenige Arten sind verholzt. Viele Arten enthalten einen farblosen oder milchigen Saft (Latex) und Kristallnadeln (Kalziumoxalat), manche Arten sind giftig. Die nächsten verwandten Familien der Aronstabgewächse sind die Wasserlinsengewächse (Lemnaceae) und die Palmen (Arecaceae).

Typisch für die Aronstabgewächse ist der charakteristische Blütenstand. Er besteht aus einem Kolben mit zahlreichen kleinen Blüten und einem großen, oft auffälligen Hochblatt. Diese sog. Spatha umhüllt oft den Kolben und die Blüten. Viele Vertreter der Aronstabgewächse verströmen einen ekelerregenden Geruch, der Aasfliegen anzieht.

Die Familie hat eine gewisse wirtschaftliche Bedeutung. Einige Arten werden wegen ihrer stärkereichen Knollen als Grundnahrungsmittel angebaut, z.B. Taro *(Colocasia esculenta)* in Asien und Tannia *(Xanthosoma sagittifolium)* in Südamerika. Viele Zierpflanzen gehören zu den Aronstabgewächsen, z.B. Vertreter der Gattungen *Anthurium* (Flamingoblume), *Dracunculus* (Schlangenwurz), *Monstera* (Fensterblatt) und *Philodendron* (Baumfreund).

Gefleckter Aronstab *(Arum maculatum)*

Tafel 6d

Der Gefleckte Aronstab kommt in vielen Buchenwäldern vor. Er gilt als Nährstoff- und Frischezeiger und benötigt tiefgründige, nährstoffreiche Böden, meistens auf Kalk. Sein Verbreitungsgebiet umfasst nahezu ganz Europa.

Seine breit-spießförmigen Blätter erscheinen im März, etwa drei Wochen später wächst der Blütenstand. Anders als andere Einkeimblättrige Pflanzen hat der Aronstab (wie auch die Einbeere – *Paris quadrifolia*) keine parallelnervigen Blätter sondern netznervige, wie es ansonsten für Zweikeimblättrige Pflanzen typisch ist. Jeder Spross hat zwei bis drei dieser lang gestielten Laubblätter, die einfarbig grün oder schwarzbraun gefleckt sein können (lateinisch »maculatus« = gefleckt).

Die unterirdischen Knollen werden jedes Jahr neu gebildet. Sie verbrauchen sich im Folgejahr beim Aufbau des Pflanzenkörpers und schrumpfen dann ein. Etwas weiter vorne am Rhizom übernimmt ein kleiner Abschnitt die Speicherfunktion der schrumpelnden Knolle, er verdickt und bildet die Knolle für das Folgejahr. Die Knollen sind etwa walnussgroß, außen braun und innen weiß. Sie enthalten bis zu 70% Stärke und können gekocht oder getrocknet gegessen werden. Im frischen Zustand sind aber alle Teile der Pflanze giftig.

Die Blüten des Aronstabs sind wie bei vielen Aronstabgewächsen in einem Hüllblatt, der Spatha, verborgen. Dieses Blatt wird bis zu 20cm lang, ist grünlich, weißlich oder selten rötlich gefärbt und im unteren Drittel geschlossen. Aus dem geschlossenen Teil der Spatha ragt ein nackter, violettbrauner Kolben heraus. Er ist das Ende des Blütenstängels. An dem von der Spatha umschlossenen Teil des Kolbens sitzen die Blüten in mehreren

Kreisen. Männliche und weibliche Blüten sind getrennt, oben sitzen rein männliche Blüten, darunter rein weibliche. Die Pflanze ist also einhäusig. Oberhalb der männlichen Blüten befinden sich noch mehrere Kreise mit sterilen Blüten, die mit Haaren ausgestattet sind.

Interessant verläuft die Bestäubung beim Aronstab. Die Pflanze gilt als Gleit-Kesselfallenblume (neben der Osterluzei – *Aristolochia clematitis* ist der Aronstab der einzige Vertreter dieses ungewöhnlichen Blütentyps in der mitteleuropäischen Flora). Sie benutzt Fliegen, die für einige Zeit gefangen gehalten werden, zur Bestäubung. Kleine Fliegen werden von einem Aasgeruch angelockt, den die Blütenstände erzeugen. Tiere, die sich auf das Hochblatt setzen wollen, gleiten von der glatten Oberfläche ab und fallen nach unten in den geschlossenen Teil des Blatts, in dem auch die Blütenorgane liegen. Am Eingang dieses Kessels sitzen Haare an sterilen Blüten, die wie eine Reuse funktionieren. Kleine Insekten gelangen zwar hinein, aber nur schwer wieder hinaus, große Insekten werden aufgefangen.

Fliegen, die hineingefallen sind, kommen zuerst aus dem Kessel nicht heraus, da auch hier die Wände völlig glatt sind. Die Tiere laufen hin und her und bestäuben dabei die weiblichen Blüten durch mitgebrachten Pollen. Ist die Bestäubung erfolgt, spätestens aber nach 24 Stunden, werden die Wände des Hochblatts wieder begehbar, weil die glatten Schuppen auf der

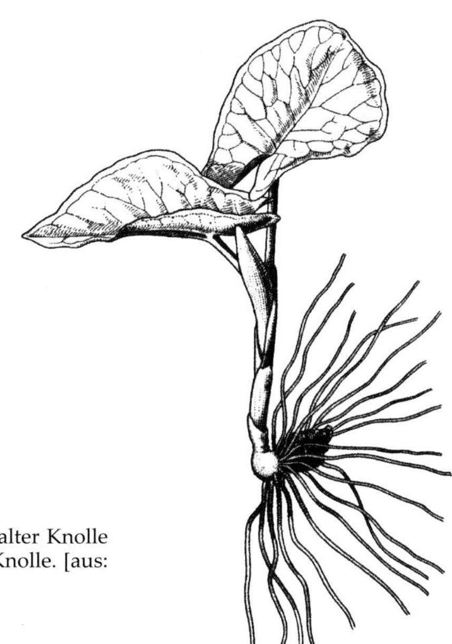

Abb. 21: Aronstab mit verschrumpfender alter Knolle aus dem Vorjahr und sich neu bildender Knolle. [aus: Troll 1935 S. 783]

Oberfläche schrumpfen und faltig werden. Während der »Gefangenschaft« ernährt die Pflanze die Insekten durch zuckerhaltige Tropfen, die von den Narben ausgeschieden werden.

Die Blüten des Aronstabs sind proterogyn (griechisch »protos« = der Erste, »gyne« = Weib). Dies bedeutet, dass die Fruchtblätter in den weiblichen Blüten eher reifen als die Staubblätter in den männlichen. Für die besondere Art der Bestäubung beim Aronstab ist dies hilfreich. Gefangene Insekten bestäuben zuerst mit dem mitgebrachten Pollen die weiblichen Blüten, nach einiger Zeit reifen dann die männlichen Blüten und entladen den Pollen auf die Insekten. Sobald diese wieder aus der Kesselfalle entweichen können, fliegen sie mit dem Pollen zu anderen Pflanzen. Die Proterogynie ist in der Natur wesentlich seltener anzutreffen als die Proterandrie (griechisch »aner«, Genitiv »andros« = Mann), bei der die Staubblätter vor den Fruchtblättern reifen. Unter den Frühblühern sind die Blüten der Einbeere (*Paris quadrifolia*) ebenfalls proterogyn. Proterogynie und Proterandrie sichern die Fremdbestäubung, da durch die verschiedenen Reifezeiten der Staub- und Fruchtblätter eine Selbstbestäubung ausgeschlossen wird.

Im Juni und Juli entwickeln sich scharlachrote, fleischige Beeren aus den Blüten. Sie fallen besonders auf, da das Hüllblatt zu dieser Zeit bereits verwelkt ist. Die Samen werden durch Vögel verbreitet.

Tafel 1: a) Sauerklee *(Oxalis acetosella)*; b) Waldmeister *(Galium odoratum)*; c) Märzenbecher *(Leucojum vernum)*; d) Dolden-Milchstern *(Ornithogalum umbellatum)*; e) Salomonssiegel *(Polygonatum multiflorum)*; f) Schneeglöckchen *(Galanthus nivalis)*. Fotos: Peter Rüther

Tafel 2: a) Busch-Windröschen *(Anemone nemorosa)*; b) Wald-Erdbeere *(Fragaria vesca)*; c) Maiglöckchen *(Convallaria majalis)*; d) Bär-Lauch *(Allium ursinum)*. Fotos: Peter Rüther

Tafel 3: a) Gelbes Windröschen *(Anemone ranunculoides)*; b) Sumpfdotterblume *(Caltha palustris)*; c) Scharbockskraut *(Ranunculus ficaria)*; d) Frühlings-Fingerkraut *(Potentilla tabernaemontani)*; e) Wald-Gelbstern *(Gagea lutea)*; f) Huflattich *(Tussilago farfara)*. Fotos: Peter Rüther

Tafel 4: a) Winterling *(Eranthis hyemalis)*; b) Wiesen-Schlüsselblume *(Primula veris)*; c) Hohe Schlüsselblume *(Primula elatior)*; d) Huflattich *(Tussilago farfara)*. Fotos: Peter Rüther

Tafel 5: a) Haselwurz *(Asarum europaeum)*; b) Wechselblättriges Milzkraut *(Chrysosplenium alternifolium)*; c) Wald-Bingelkraut *(Mercurialis perennis)*; d) Gegenblättriges Milzkraut *(Chrysosplenium oppositifolium)*; e) Einbeere *(Paris quadrifolia)*; f) Stinkende Nieswurz *(Helleborus foetidus)*. Fotos: PETER RÜTHER

Tafel 6: a) Gefingerter Lerchensporn (*Corydalis solida*); b) Knoblauchrauke (*Alliaria petiolata*); c) Moschuskraut (*Adoxa moschatellina*); d) Gefleckter Aronstab (*Arum maculatum*). Fotos: Peter Rüther

Tafel 7: a) Leberblümchen *(Hepatica nobilis)*; b) Hohler Lerchensporn *(Corydalis cava)*; c) Frühlings-Platterbse *(Lathyrus vernus)*; d) März-Veilchen *(Viola odorata)*; e) Wiesen-Schaumkraut *(Cardamine pratensis)*; f) Wald-Veilchen *(Viola reichenbachiana)*. Fotos: Peter Rüther

Tafel 8: a) Gewöhnlicher Seidelbast *(Daphne mezereum)*; b) Berg-Lungenkraut *(Pulmonaria montana)*; c) Schuppenwurz *(Lathraea squamaria)*; d) Gemeine Pestwurz *(Petasites hybridus)*. Fotos: Peter Rüther

Tafel 9: a) Wald-Erdbeere *(Fragaria vesca)*; b) Wald-Sauerklee *(Oxalis acetosella)*; c) Waldmeister *(Galium odoratum)*; d) Knoblauchrauke *(Alliaria petiolata)*; e) Schneeglöckchen *(Galanthus nivalis)*; f) Märzenbecher *(Leucojum vernum)*; g) *Dolden-Milchstern (Ornithogalum umbellatum)*; h) Salomonsiegel *(Polygonatum multiflorum)*. Fotos: PETER RÜTHER

Tafel 10: a) Gelbes Windröschen *(Anemone ranunculoide)*; b) Frühlings-Fingerkraut *(Potentilla tabernaemontani)*; c) Scharbockskraut *(Ranunculus ficaria)*; d) Wald-Gelbstern *(Gagea lutea)*; e) Sumpfdotterblume *(Caltha palustris)*; f) Winterling *(Eranthis hyemalis)*; g) Hohe Schlüsselblume *(Primula elatior)*; h)Wiesen-Schlüsselblume *(Primula veris)*. Fotos: Peter Rüther

Tafel 11: a) Wald-Veilchen *(Viola reichenbachiana)*; b) März-Veilchen *(Viola odorata)*; c) Kleines Immergrün *(Vinca minor)*; d) Gefleckte Taubnessel *(Lamium maculatum)*; e) Leberblümchen *(Hepatica nobilis)*; f) Wiesen-Schaumkraut *(Cardamine pratensis)*; g) Frühlings-Platterbse *(Lathyrus vernus)*; h) Schuppenwurz *(Lathraea squamaria)*. Fotos: Peter Rüther

Tafel 12: a) Hohler Lerchensporn *(Corydalis cava)*; b) Hohler Lerchensporn *(Corydalis cava)*; c) Bär-Lauch *(Allium ursinum)*; d) Zwiebel-Zahnwurz *(Dentaria bulbifera)*. Fotos: Peter Rüther

Tafel 13: a) Schneestolz *(Chionodoxa luciliae)*; b) Traubenhyazinthe *(Muscari* spec.*)*; c) Krokus *(Crocus* spec.*)*. Fotos: Peter Rüther

Tafel 14: a) Sibirischer Blaustern *(Scilla sibirica)*; b) Gelbe Narzisse *(Narcissus pseudonarcissus)*. Fotos: Peter Rüther

10 Einjährige frühblühende Arten

Die im 9. Kapitel beschriebenen, frühblühenden Pflanzenarten sind Geophyten oder Hemikryptophyten und bilden in unterirdischen Speicherorganen Reservestoffe, die sie dazu befähigen, früh im Jahr zu blühen. Es gibt aber auch unter den einjährigen Arten (Therophyten) Pflanzen, die schon ab März blühen, nach relativ kurzer Zeit ihre Frucht- und Samenbildung abgeschlossen haben und dann wieder verschwinden. Sie gehören nicht zu den Frühblühern im engeren Sinne, da sie eine andere Lebensstrategie haben. Sie kommen nicht im Wald vor, denn sie nutzen in den ersten warmen und feuchten Frühlingstagen das volle Sonnenlicht, solange größere und wuchskräftigere Arten noch nicht ausgetrieben haben. In wenigen Tagen bis Wochen schließen sie ihre Entwicklung ab. Das auffälligste an diesen Pflanzen sind meistens ihre Blüten und Früchte, die übrigen Organe (Stängel, Blätter, Wurzeln) sind nur gering entwickelt, da sie auch nur kurze Zeit überdauern müssen.

Einige solche Arten werden kurz vorgestellt.

Acker-Schmalwand *(Arabidopsis thaliana)*, Kreuzblütler – Brassicaceae

Blütezeit: März bis Mai;

Standorte: Äcker und Wegränder auf sandigen Böden;

Merkmale: Pflanze bis maximal 30cm hoch, Laubblätter in einer kleinen, grundständigen Rosette, wenige am Stängel.

Hirtentäschelkraut *(Capsella bursa-pastoris)*, Kreuzblütler – Brassicaceae

Blütezeit: fast das ganze Jahr über blühend, nur nicht bei starkem Frost;

Standorte: Äcker, Gärten, Wegränder, Schuttplätze auf nährstoffreichen, stickstoffhaltigen Böden;

Merkmale: Pflanze bis 40cm hoch, Laubblätter in einer grundständigen Rosette, nur wenige am Stängel, Früchte mit einer charakteristischen, herzförmigen Form, die an früher von Hirten getragenen Taschen erinnert.

Behaartes Schaumkraut *(Cardamine hirsuta)*, Kreuzblütler – Brassicaceae

Blütezeit: März bis Juni;

Standorte: Wegränder, Gärten, Äcker auf stickstoff-haltigen, kalkarmen Böden;

Merkmale: Pflanze bis 30cm hoch, Stängel und Blätter leicht behaart oder kahl (bei dem ebenfalls frühblühenden Wald-Schaumkraut – *Cardamine flexuosa* sind die Pflanzen stark behaart).

Frühlings-Hungerblümchen *(Erophila verna)*, Kreuzblütler – Brassicaceae

Blütezeit: Februar bis Mai;

Standorte: offene Bodenstellen auf nicht zu nährstoffarmen Böden aller Art;

Merkmale: Pflanze bis 15cm hoch, Laubblätter alle in einer grundständigen Rosette, mit Stern- und Gabelhaaren, Früchte länglich bis kreisrund.

Spurre *(Holosteum umbellatum)*, Nelkengewächse – Caryophyllaceae

Blütezeit: März bis Mai;

Standorte: Äcker und andere lückige Standorte auf kalkarmen Sandböden;

Merkmale: Blüten in doldenähnlichen Blütenständen (Trugdolden).

11 Frühblüher im Garten

Viele Frühblüher sind beliebte Gartenpflanzen. Nach einem langen und kalten Winter ist die Freude über die ersten bunten Blüten groß, ihnen wird eine besondere Beachtung geschenkt. So ist es nicht verwunderlich, dass viele frühblühende Arten schon im Mittelalter in Klostergärten und später in Schlossanlagen, Parks und Bauerngärten gerne gepflanzt wurden. Dabei sind sowohl heimische als auch fremdländische Arten in die Gärten geholt worden. Von dort sind sie gelegentlich aus eigener Kraft oder durch Gartenabfälle in die Umgebung verwildert (s. Winterling – *Eranthis hyemalis*).

In Bezug auf die gärtnerische Nutzung kann man frühblühende Pflanzenarten in drei Gruppen einordnen:

- in Mitteleuropa einheimische Pflanzenarten, die gerne in Gärten kultiviert werden (Tab.13),
- nicht in Mitteleuropa oder nur in Teilgebieten Mitteleuropas heimische Pflanzenarten, die aus Gärten in die freie Landschaft außerhalb ihres natürlichen Verbreitungsgebietes verwildern (Tab.14) und
- in Gärten kultivierte Pflanzenarten, die nicht in Mitteleuropa heimisch sind und in der Regel nicht in die freie Landschaft verwildern (Tab.15).

Tab. 13: Beispiele für in Gärten verwendete frühblühende Arten, die in Mitteleuropa heimisch sind.

deutscher Name	wissenschaftlicher Name
Haselwurz	*Asarum europaeum*
Maiglöckchen	*Convallaria majalis*
Hohler Lerchensporn	*Corydalis cava*
Gefingerter Lerchensporn	*Corydalis solida*
Gemeiner Seidelbast	*Daphne mezereum*
Stinkende Nieswurz	*Helleborus foetidus*
Grüne Nieswurz	*Helleborus viridis*

deutscher Name	wissenschaftlicher Name
Leberblümchen	*Hepatica nobilis*
Märzenbecher	*Leucojum vernum*
Hohe Schlüsselblume	*Primula elatior*
Wiesen-Schlüsselblume	*Primula veris*
Echtes Lungenkraut	*Pulmonaria officinalis*

Tab. 14: Beispiele für in Gärten verwendete frühblühende Arten, die nicht in Mitteleuropa oder nur in Teilgebieten Mitteleuropas heimisch sind und gelegentlich aus Gärten in die freie Landschaft verwildern.

deutscher Name	wissenschaftlicher Name	Heimat
Winterling	*Eranthis hyemalis*	Südeuropa
Schneeglöckchen	*Galanthus nivalis*	Südeuropa und südliches Mitteleuropa
Dolden-Milchstern	*Ornithogalum umbellatum*	Südeuropa
Zweiblättriger Blaustern	*Scilla bifolia*	Südeuropa und südliches Mitteleuropa
Sibirischer Blaustern	*Scilla sibirica*	Vorderasien und Südrussland
Kleines Immergrün	*Vinca minor*	Südeuropa und südliches Mitteleuropa
März-Veilchen	*Viola odorata*	Südeuropa

Tab. 15: Beispiele für in Gärten verwendete frühblühende Arten, die nicht in Mitteleuropa heimisch sind und in der Regel nicht aus Gärten in die freie Landschaft verwildern.

deutscher Name	wissenschaftlicher Name	Familie	Heimat
Schneestolz	*Chionodoxa luciliae*	Liliengewächse (*Liliaceae*)	Kleinasien
Krokus	*Crocus* spec.	Irisgewächse (*Iridaceae*)	Mittelmeergebiet
Hasenglöckchen	*Hyacinthoides non-scripta*	Liliengewächse (*Liliaceae*)	Nordwesteuropa
Gartenhyazinthe	*Hyacinthus orientalis*	Liliengewächse (*Liliaceae*)	Östliches Mittelmeergebiet
Traubenhyazinthe	*Muscari* spec.	Liliengewächse (*Liliaceae*)	Orient, Vorderasien
Osterglocke, Narzisse	*Narcissus* spec.	Narzissengewächse (*Amaryllidaceae*)	Südwesteuropa, Nordwestafrika

Frühblüher, die in Gärten verwendet werden und auch in der freien Landschaft vorkommen, sind – mit Ausnahme der Osterglocke (*Narcissus pseudonarcissus*) - in Kapitel 9 bereits ausführlich beschrieben worden. Die in Tabelle 11.3 aufgeführten Arten werden in diesem Kapitel kurz vorgestellt.

11.1 Liliengewächse

Solange es Ziergärten gibt, haben verschiedene Arten der Liliengewächse immer schon eine besondere Rolle gespielt. Einige Arten sind schon so lange in Kultur genommen, dass man heute die Wildarten nicht mehr genau kennt.

Die Stammart der in zahlreichen Farbvarietäten und Formen (z.B. mit gefüllten Blüten) kultivierten Gartenhyazinthe ist die aus dem östlichen Mittelmeergebiet stammende *Hyacinthus orientalis*. Die Gartenhyazinthe ist sowohl als Topfpflanze in Häusern als auch im Freiland eine beliebte Zierpflanze. Häufig wird sie auch in speziellen Hyazinthengläsern gehalten. Die Pflanzen werden etwa 30 bis 50 cm hoch. Aus den dicken Zwiebeln treiben jeweils vier bis sechs linealische, fleischige Laubblätter sowie ein Spross mit 10 bis 40 Blüten. Die Blüten sind natürlicherweise blau gefärbt. Ihre sechs Perigonblätter sind im unteren Bereich zu einer Röhre verwachsen, die Endzipfel sind flach ausgebreitet oder leicht zurückgerollt. Deutlich seltener als *Hyacinthus orientalis* werden auch *H. amethystinus, H. leucophaeus* oder *H. romanus* in Gärten kultiviert.

Das Hasenglöckchen *(Hyacinthoides non-scripta)* ist in Nordwesteuropa heimisch und wurde in der Vergangenheit häufig kultiviert, verwilderte aber nur sehr selten aus Gärten und Parkanlagen. Die etwa 20 bis 60 cm hohe Pflanze trägt drei bis sechs lange Blätter sowie 10 bis 15 duftende, hellblaue Blüten. Die sechs Perigonblätter sind im unteren Bereich zu einer Röhre verwachsen, ihre Spitzen sind zurückgerollt. Die Blüten sind kurz gestielt und an dem Blütenspross in einer leicht einseitswendigen Traube angeordnet.

Die Heimatgebiete der etwa 50 Wildarten der Traubenhyazinthen, auch Perlhyazinthen genannt (*Muscari* spec. Tafel 13,b), sind das Mittelmeergebiet, der Orient und Vorderasien. Die traubigen Blütenstände bestehen aus blauen bis violetten (selten weißen), hängenden oder nickenden Blüten, die mehr oder weniger stark duften. Die sechs Perigonblätter sind glockenförmig miteinander verwachsen und fallen leicht ab. Die obersten Blüten sind in der Regel unfruchtbar und etwas anders gefärbt als die übrigen Blüten. In Süddeutschland sind drei Arten heimisch (Schopfige Traubenhyazinthe

– *M. comosum,* Kleine Traubenhyazinthe – *M. botryoides* und Weinbergs-Traubenhyazinthe – *M. neglectum*).

Der Schneestolz *(Chionodoxa luciliae* Tafel 13,a*)* stammt ursprünglich aus Kleinasien. Die Blütentraube besteht aus sechs bis zehn Blüten, jede davon mit einem Durchmesser von etwa 2 cm. Außen sind sie hellblau gefärbt, nach innen werden sie weiß. Der wissenschaftliche Name der Pflanze leitet sich von den griechischen Wörtern »chion« = Schnee und »doxa« = Glanz ab.

11.2 Krokusse

Tafel 13b

Die meisten der etwa 80 wildwachsenden Krokus-Arten sind im Mittelmeerraum heimisch. Als unterirdische Speicherorgane werden Sprossknollen genutzt, aus denen schmale grüne Laubblätter mit einem verdickten weißen Mittelstreifen und zurückgebogenen Rändern treiben. Die Perigonblätter der Blüten sind trichterförmig verwachsen und bilden eine lange Röhre und einen breiten Saum. Die Blütenfarbe variiert bei den Krokussen sehr stark, häufige Farben sind Lila, Hellviolett, Gelb und Weiß. Die meisten Krokusse blühen im Frühjahr, unter den wenigen Herbstblühern ist der Safran *(Crocus sativus)*, eine alte und bekannte Nutzpflanze.

Die einzige in Mitteleuropa heimische Krokus-Art ist der Frühlings-Krokus *(Crocus vernus)*. Die Unterart *albiflorus* mit meist weißen Blüten kommt auf Bergwiesen in den Alpen vor. Die andere Unterart vernus stammt ursprünglich aus Südeuropa und hat meist purpurfarbene oder violette Blüten, die auch etwas größer sind als bei der Unterart albiflorus.

Crocus ist sowohl in der lateinischen als auch in der griechischen Sprache ein alter Name für Safran. Diese schon im Altertum bekannte und geschätzte Nutzpflanze stammt ursprünglich wahrscheinlich aus Griechenland und dem Orient, ist aber nur aus Kulturen in Asien und Südeuropa bekannt. Genutzt werden die tief dreispaltigen, lebhaft orangerot gefärbten Narben. Sie werden aus den violett bis purpurn gefärbten Blüten gepflückt, getrocknet und als Gewürz, Farbstoff und Arzneimittel eingesetzt.

11.3 Narzissen

Die 25 bis 30 wildwachsenden Arten der Narzissen kommen von Natur aus in Südwesteuropa und Nordwestafrika sowie von Vorderasien bis China vor, mit einem Schwerpunkt auf der Iberischen Halbinsel. Es sind Zwiebelpflanzen mit meistens drei linealischen, manchmal blaugrün gefärbten Blättern.

Am Ende des Blütenstängels steht bei den meisten Arten eine einzelne Blüte, andere Arten haben zwei oder mehr Blüten. Als Blütenfarben treten Gelb, Weiß und Orange auf. Die sechs Perigonblätter sind im unteren Teil verwachsen und bilden eine mehr oder weniger lange Röhre. Die oberen Blattzipfel sind flach ausgebreitet. Auffällig bei den Narzissenblüten ist die röhrenförmige Nebenkrone. Sie wird nicht von den Perigonblättern gebildet, sondern von umgewandelten Staubblättern. Am Grund der Nebenkrone werden intensiv riechende Duftstoffe freigesetzt. Bei manchen Arten sind die Perigonblätter sehr stark reduziert und man sieht auf den ersten Blick nur die gut ausgebildete Nebenkrone (z.B. bei der Reifrock-Narzisse – *Narcissus bulbocodium*).

Bei der in Westeuropa heimischen Gelben Narzisse *(Narcissus pseudonarcissus)*, die auch Osterglocke genannt wird, sind die Perigonblätter hellgelb gefärbt, die Nebenkrone ist dottergelb und am Rand leicht gewellt. Die Art ist eine wichtige Zierpflanze und wird sehr oft angepflanzt, z.B. in städtischen Grünanlagen und Parks. Mittlerweile wurden schon mehrere Tausend Sorten von ihr gezüchtet. In Deutschland ist sie nur in der Eifel und im Hunsrück auf Bergwiesen mit kalkarmem Untergrund zu Hause.

Weitere bekannte Arten sind z.B. die Dichter-Narzisse *(N. poeticus)* aus Südwesteuropa mit weißen Perigonblättern und gelber Nebenkrone mit rotem Rand, die mehrblütige Bouquet-Narzisse oder Tazette *(N. tazetta)* aus dem Mittelmeergebiet mit ebenfalls weißen Perigonblättern und gelber Nebenkrone, die bereits erwähnte Reifrock-Narzisse *(N. bulbocodium)* aus Spanien und Südwestfrankreich mit schmalen Perigonblättern und trompetenförmiger orangegelber Nebenkrone sowie die kleine, stark duftende Jonquille (*N. jonquilla*) aus Südwesteuropa mit dottergelben Blüten.

Narzissen haben eine lange Tradition als Gartenpflanzen. In barocken Gartenanlagen zählten sie mit den Tulpen zu den wichtigsten Blütenpflanzen des Frühjahrs.

12 Heilpflanzen, mittelalterliche Signaturenlehre

»Denn durch die Kunst der Chiromantie, Physiognomie und Magie ist es möglich, gleich von Stund an nach dem äusseren Ansehen eines jeden Krautes und einer jeden Wurzel Eigenschaft und Tugend zu erkennen, an deren Zeichen (Signatis), Gestalt, Form und Farbe und es bedarf sonst keiner Probe oder langen Erfahrung, denn Gott hat am Anfang alle Dinge sorgfältig unterschieden und keinem eine Gestalt und Form wie dem anderen gegeben, sondern jedem eine Schelle angehängt, wie man sagt: Man erkennt den Narren an der Schelle.« (Paracelsus, Gesammelte Werke, Aschner-Ausgabe Bd. IV S. 339).

Die Signaturenlehre besagt, dass Heilpflanzen Kennzeichen tragen, die verraten, welche Krankheiten sie heilen können. Vom Äußeren einer Pflanze, z.B. von Form und Farbe, Geruch und Geschmack, soll auf das Innere, also auf Wesen und Wirkung geschlossen werden. Die Menschen müssen demnach lernen, die Kennzeichen der Pflanzen zu lesen, die ihnen von Natur aus mitgegeben sind, und die darauf hinweisen, wofür sie dem Menschen dienen können. Signaturen sind also Zeichen der Natur, die es zu entschlüsseln gilt.

Die Ähnlichkeit, die z.B. eine Blattform mit einem menschlichen Organ (Beispiel: Leberblümchen-Blatt und menschliche Leber) hat, gibt einen Hinweis auf die Heilkräfte der Pflanze. Diese Erkenntnismethode scheint sehr simpel. Sie muss es auch sein, denn diesen Schlüssel zur Heilkunst haben von den Urzeitmenschen bis in die Neuzeit vor allem auch einfache Menschen gebraucht. Die Kräutermedizin der Kelten und Germanen und die Indianermedizin basieren auf diesen Kenntnissen. Auch die alten Ägypter kannten die Lehre der Signaturen.

Im Europa des frühen Mittelalters wurde überliefertes Heilkräuterwissen in Klöstern und Kirchen gesammelt, aber hinter diesen heiligen Mauern verschlossen. Das Wissen des einfachen Volkes um die Heilkräfte der Natur wurde von der Kirche gefürchtet und mit allen inquisitorischen Mitteln bekämpft. Was nicht ausgerottet werden konnte, wurde christianisiert und im neuen Gewand legalisiert. Zwar konnte das Wissen um die Heilkräfte der Natur auch in dieser Zeit nicht vollständig ausgelöscht werden, es wurde aber stark vermischt mit abergläubischen Vorstellungen.

Theophrastus Bombastus von Hohenheim, genannt Paracelsus, schrieb das überlieferte Wissen über die Heilkräfte der Natur Anfang des 16. Jahrhunderts auf und brachte es erstmals in ein System. Er lehrte an der medizinischen Fakultät der Universität Basel. Seiner Signaturenlehre liegt das Heilprinzip zugrunde, welches besagt: »Similia similibus curentur« (Gleiches heilt Gleiches).

Viele Frühblüher waren auch schon im Mittelalter bekannt, teilweise wurden sie auch als Heilpflanzen genutzt und hatten eine Bedeutung in der Signaturenlehre.

Tab. 16: Beispiele für frühblühende Pflanzenarten mit einer bestimmten Bedeutung in der Signaturenlehre.

Pflanze	Merkmal	Bedeutung in der Signaturenlehre
Leberblümchen *(Hepatica nobilis)*	leberähnliche Laubblätter	gegen Leberleiden
Milzkraut-Arten (*Chrysosplenium* spec.)	milzähnliche Laubblätter	gegen Nierenerkrankungen
Lungenkraut *(Pulmonaria officinalis)*	Laubblätter mit runden, weißen Flecken	gegen Lungenkrankheiten
Scharbockskraut *(Ranunculus ficaria)*	feigenartige Wurzelknollen	gegen Warzen

13 Pflanzensymbolik

Pflanzen spielten im menschlichen Zusammenleben schon lange eine wichtige Rolle, wenn Gefühle ausgedrückt werden sollten und wenn freudige oder traurige Botschaften zu überbringen waren. Düfte, Farben und Formen bestimmter Pflanzen werden mit bestimmten Eigenschaften in Verbindung gebracht und sollen an etwas Bestimmtes erinnern. Diese Pflanzen können »sprechen«.

Früher war es viel weiter verbreitet als heute, etwas mit einem Strauß Blumen auszudrücken. Aber auch heute lebt diese Sitte noch in einigen Redensarten. Man spricht davon, etwas »durch die Blume« zu sagen, wenn es sich um eine nicht eindeutige oder nicht präzise Ausdrucksweise handelt. Im Gegensatz dazu redet jemand »unverblümt«, wenn er sich klar und deutlich ausdrückt.

Im alten Ägypten und auch im antiken Griechenland und Rom kam Pflanzen eine ganz besondere symbolische Bedeutung zu. Die christliche Symbolik gewann erst ab etwa 800 n.Chr. an Bedeutung. Sie griff dabei vielfach auf antike Überlieferungen zurück. Griechen und Römer versuchten, den Wechsel der Jahreszeiten und das Werden und Vergehen in der Natur durch mythologische Geschichten und Figuren zu erklären. Einige Pflanzen wurden einzelnen Göttern zugeordnet, ihre Entstehung wurde manchmal mit Verwandlungen von Menschen in Pflanzen erklärt. Ebenso wie Geschichten in der Bibel waren auch diese antiken Mythen über viele Jahrhunderte eine reiche Quelle allegorischer Naturdeutungen.

Auch unter den Frühblühern sind einige Arten, die eine bestimmte symbolische Bedeutung haben (HEILMEYER 2000).

Anemonen sind Sinnbilder für Abschied und Vergänglichkeit. Ihr botanischer Name leitet sich von griechisch »anemos« (Wind) ab und weist wie der deutsche Name »Windröschen« darauf hin, dass es sich um zarte Pflanzen handelt, die von jedem Luftzug bewegt werden können und deren Blütezeit nur sehr kurz ist, dass sie also wie ein Windhauch wieder vergehen.

Der Ursprung der Symbolik der Anemonen ist bei der im Mittelmeerraum häufigen Kronen-Anemone *(Anemone coronaria)* zu suchen. Die roten (manchmal blauen oder weißen) Blüten bedecken in Griechenland im Frühjahr Wiesen und Garigues. Den alten Griechen galten sie als Symbol für Schmerz und Tod. Nach der griechischen Mythologie sollen die Blüten aus den Tränen der Aphrodite entstanden sein, die den Tod ihres Geliebten Adonis beweinte. Der eifersüchtige Apoll hatte einen wilden Eber geschickt, um ihn zu töten. Auch das ähnliche Herbst-Adonisröschen *(Adonis autumnalis)* wurde mit dieser Liebesgeschichte in Verbindung gebracht: Es soll aus dem Blut des in jungen Jahren gestorbenen Adonis hervorgegangen sein und galt daher früher als Zeichen für eine rasch verblühende Jugend.

Die christliche Mythologie griff die antike Bedeutung der Anemonen im Mittelalter wieder auf und sah sie als Sinnbild für Abschied, Schmerz und Tod an. Die rote Farbe der Kronen-Anemone sollte an den Tod Christi und das Blut vieler Märtyrer erinnern.

Die Christrose ist ein Symbol für ein langes und erfülltes Leben. Ihr pulverisierter Wurzelstock kann Niesreiz auslösen, daher wurde sie auch Nieswurz genannt. Von den drei in Deutschland vorkommenden Nieswurz-Arten (Stinkende Nieswurz – *Helleborus foetidus*, Schwarze Nieswurz – *H. niger*, Grüne Nieswurz – *H. viridis*) hat die Schwarze Nieswurz eine besondere Symbolik dadurch bekommen, dass sie schon zur Zeit der Wintersonnenwende und um das Weihnachsfest herum blühen kann. Man schrieb dieser Pflanze, die trotz Eis und Schnee blühen kann, magische Kräfte zu. Sie sollte Mensch und Tier gegen Kälte und Krankheit schützen. Daher erklären sich volkstümliche Namen wie Christrose und Schneerose. Blühte die Christrose pünktlich zur Weihnachtszeit, war ein gutes und fruchtbares Jahr zu erwarten. Vor Viehställen gepflanzt oder als getrockneter Strauß an die Stalltür gehängt sollte die Christrose das Vieh vor Seuchen bewahren.

Das Leberblümchen galt im christlichen Mittelalter als starke Heilpflanze. Bei genauem Hinsehen fällt an der Pflanze ihre Dreiblättrigkeit auf, die an den drei kelchartigen Hochblättern und an den dreigeteilten Laubblättern zu erkennen ist. Die Dreiblättrigkeit galt als Trinitätssymbol, also als Zeichen für die göttliche Dreieinigkeit.

Auch das schön geformte, dreigeteilte Blatt der Erdbeere gilt in der christlichen Symbolik als Zeichen der göttlichen Dreieinigkeit, ebenso wie die Blätter der Akelei und des Klees. Die weißen Blüten der Erdbeerpflanzen symbolisieren Reinheit und Keuschheit. Die roten, wohlschmeckenden Früchte werden oft als Himmels- und Paradiesfrüchte angesehen und tauchen als solche auch auf vielen historischen Gemälden auf. Sie gelten als Sinnbild eines rechtschaffenen Menschen, der in Demut gute Taten vollbringt.

Der Krokus wird schon in der griechischen Mythologie und in der Bibel erwähnt. Unter den mehr als 60 Arten dieser Gattung wurde im Altertum vor allem der Safran *(Crocus sativus)* geschätzt. Er wurde als Färbe- und Gewürzpflanze verwendet. Dazu wurden die drei orangeroten Narbenäste aus jeder Blüte gesammelt (ohne die Griffel!) und getrocknet. Wie mühsam das Ernten ist, sieht man daran, dass etwa 150.000 bis 200.000 Narben erst ein Kilogramm Trockenmasse ergeben.

Wegen seiner goldgelben Farbe wurde Safran in der christlichen Literatur gelegentlich als Symbol für Gold und damit als Symbol der höchsten Tugend, der Liebe, verwendet. Allgemein gilt er als Zeichen für himmlische Glückseligkeit und als Inbegriff alles Lieblichen. Der Sage nach soll die Pflanze aus einem schönen Jüngling entstanden sein, der von der Liebesgöttin Aphrodite in eine Blume verwandelt wurde, weil er ein schönes Mädchen verschmäht hatte.

Weiße Lilien stehen für die Reinheit des Herzens. Gemeint sind hiermit die großen Blüten der Madonnen-Lilie *(Lilium candidum)* oder der Königs-Lilie *(Lilium regale)*, beides beliebte Pflanzen in Bauerngärten. Die Lilien hatten schon im Altertum eine mythologische Bedeutung. In der christlichen Überlieferung gelten sie als Symbol für die unbefleckte Empfängnis.

Das Maiglöckchen steht als Symbol für das Liebesglück und damit auch für eine richtig und endgültig getroffene Entscheidung. Das Maiglöckchen ist jedoch eine trügerische Pflanze: äußerlich schön und wohlriechend ist sie dennoch sehr giftig. Dies spielte jedoch in der Überlieferung keine Rolle.

Den Griechen, Römern und Hebräern war die Pflanze nicht bekannt, so gibt es keine antiken Namen und Überlieferungen zu dieser Art. In der christlichen Überlieferung wurde die Bedeutung der großen weißen Lilie aus der Bibel teilweise auf das Maiglöckchen übertragen. So wurde auch die kleine einheimische Lilienverwandte zu einer Marienblume. Viele volkstümliche Namen bezeugen dies (Marienglöckchen, Marientalblume, Marientallilie). Auch der Blütemonat Mai, der als Monat der Marienverehrung gilt, soll auf die Gottesmutter hinweisen. Im Mittelalter war man der Meinung, das Maiglöckchen sei aus den Tränen Mariens unter dem Kreuz entstanden (»Frauträne«).

Narzissen gelten als Symbole für Tod, Auferstehung und Wiedergeburt. Bei uns werden zwei Arten zur Frühlingszeit gerne verwendet: Osterglocken *(Narcissus pseudonarcissus)* mit leuchtend gelben Blüten und Dichter-Narzissen *(Narcissus poeticus)* mit weißen Blütenblättern und einer gelben Nebenkrone. In der griechischen Mythologie war Narkissos ein bildhübscher Jüngling, der sich in sein eigenes Spiegelbild verliebte. Als Narziss bezeichnet man auch heute noch in der Psychologie einen Menschen mit übersteigerter Eitelkeit und Selbstverliebtheit.

Die Primel oder Schlüsselblume soll verschlossene Türen öffnen. Sie ist ein Sinnbild für Freude und Zufriedenheit, aber auch für Hoffnung. In alten Volksmärchen wird sie als geheimnisvolle Blume dargestellt, die zu verborgenen Schätzen führt oder Schlösser öffnen kann. In der christlichen Symbolik ist die Primel ein Zeichen für die Auferstehung Christi. Die Primel soll den Schlüssel zum Himmel bereithalten. Die Seele des Sünders, der sie an seinem Weg findet, soll gerettet werden.

Im Mittelalter galten Veilchen (gemeint ist das März-Veilchen – *Viola odorata*) als Symbol für Demut und Bescheidenheit. Die Wuchsorte der kleinen, duftenden Pflanzen am Rand von Hecken und Gebüschen, Gärten und Bächen, vielfach unter Laub verborgen, machten es dazu. Die Wuchsform, d.h. die Vermehrung über Ausläufer, die sich bewurzeln und zu neuen Tochterpflanzen entwickeln, wurde auch als Symbol für die weite und unaufhörliche Ausbreitung der kirchlichen Lehre gesehen und trug dazu bei, dass dem Veilchen auch Eigenschaften wie Zielstrebigkeit und Zähigkeit zugeschrieben wurden.

14 Schutz

Wer sich mit Frühblühern nicht nur theoretisch mit Fachliteratur sondern auch praktisch im Gelände beschäftigen möchte (wozu dieses Buch auch ausdrücklich anregen möchte), sollte daran denken, dass man sich heute nicht mehr ohne jegliche Einschränkungen im Freien aufhalten kann und auch nicht überall jede Pflanze abpflücken oder ausgraben darf.

Generell muss man zwischen Gebietsschutz und Artenschutz unterscheiden.

In Natur- und ähnlichen Schutzgebieten (z.B. Nationalparks) besteht in der Regel ein Wegegebot, d.h. dass man Wege nicht verlassen darf. Außerdem sind das Abpflücken und Ausgraben von Pflanzen sowie das Stören und Fangen von Tieren verboten. Diese Verhaltensregeln werden zum Schutz der wildlebenden Pflanzen und Tiere getroffen und sollen den Arten wenigstens in den Schutzgebieten ein möglichst ungestörtes Dasein ermöglichen.

Bestimmte seltene und gefährdete Arten sind außerdem nach der Bundesartenschutzverordnung geschützt. In dieser Verordnung sind Arten aufgeführt, die »besonders geschützt« sind, d.h. sie dürfen nicht ausgegraben und gepflückt werden. Dabei spielt es keine Rolle, ob sie in einem Schutzgebiet wachsen oder außerhalb. Daneben werden auch noch Arten aufgeführt, die »streng geschützt« sind. Hier gilt sogar ein Störverbot, wozu auch übermäßiges Fotografieren der Pflanzen am natürlichen Standort gehören kann.

Von den in diesem Buch behandelten Pflanzenarten sind die folgenden von Regelungen aus der Bundesartenschutzverordnung und anderen, internationalen Verordnungen betroffen. Der Schutz dieser Arten bezieht sich immer nur auf wild lebende Populationen und z.B. nicht auf eindeutig aus Gärten verwilderten Pflanzen.

Tab. 17: Gesetzlicher Schutz frühblühender Pflanzenarten Mitteleuropas.

deutscher Name	wissenschaftlicher Name	Schutz
Gewöhnlicher Seidelbast	*Daphne mezereum*	BAV
Schneeglöckchen	*Galanthus nivalis*	BAV, WA, EG
Stinkende Nieswurz	*Helleborus foetidus*	BAV
Grüne Nieswurz	*Helleborus viridis*	BAV
Leberblümchen	*Hepatica nobilis*	BAV
Märzenbecher	*Leucojum vernum*	BAV
Hohe Schlüselblume	*Primula elatior*	BAV
Wiesen-Schlüsselblume	*Primula veris*	BAV

BArtschV = Bundesartenschutzverordnung // WA = Washingtoner Artenschutzübereinkommen // EG = EG-Verordnung 1332/05

Das Washingtoner Artenschutzübereinkommen regelt den internationalen Handel mit gefährdeten Arten freilebender Pflanzen und Tiere. Die EG-Verordnung 1332/05 dient zur Überwachung des Handels mit bedrohten Arten in der Europäischen Union.

15 Literatur

AICHELE, D. & SCHWEGLER, H. W. (2004): Die Blütenpflanzen Mitteleuropas. 5 Bände. – Stuttgart (Kosmos) 2712 S.

CARL, H. (1957): Die deutschen Pflanzen- und Tiernamen – Deutung und sprachliche Ordnung. – Wiesbaden (Quelle & Meyer) 299 S. – Reprint 1995.

DÜLL, R. & KUTZELNIGG, H. (2005): Taschenlexikon der Pflanzen Deutschlands – Ein botanisch-ökologischer Exkursionsbegleiter zu den wichtigsten Arten. – Wiebelsheim (Quelle & Meyer) 582 S.

ELLENBERG, H.; WEBER, H.E.; DÜLL, R.; WIRTH, V.; WERNER, W. & PAULISSEN, D. (1991): Zeigerwerte von Pflanzen in Mitteleuropa [= Scripta Geobotanica 18]. - Göttingen (Goltze) 248 S.

ELLENBERG, H. (1996): Vegetation Mitteleuropas mit den Alpen. 5. Aufl. – Stuttgart (Ulmer) 1096 S.

FUCHS, L. (1543): New Kreüterbuch. – Reprint 2001, Köln (Taschen) 960 S.

GENAUST, H. (1996): Etymologisches Wörterbuch der botanischen Pflanzennamen, 3. Aufl. – Basel (Birkhäuser) 701 S.

HÄRDTLE, W.; EWALD, J. & HÖLZEL, N. (2004): Wälder des Tieflandes und der Mittelgebirge. - Stuttgart (Ulmer) 252 S.

HARTMANN, F. K. (1974): Mitteleuropäische Wälder. – Stuttgart (Fischer) 214 S.

HEGI, G. [Hrsg.] (ab 1906): Illustrierte Flora von Mitteleuropa. – München.

HEILMEYER, M. (2000): Die Sprache der Blumen – Von Akelei bis Zitrus. – München (Prestel) 96 S.

HESS, D. (1983): Die Blüte – Struktur, Funktion, Ökologie, Evolution. – Stuttgart (Ulmer) 458 S.

HOFMANN, U. & SCHWERDTFEGER, M. (1998): ... und grün des Lebens goldner Baum – Lustfahrten und Bildungsreisen im Reich der Pflanzen. – Göttingen (Burgdorf Verlag) 480 S.

HOFMEISTER, H. (2001): Lebensraum Wald – Pflanzengesellschaften und ihre Ökologie. 3. Aufl. – Berlin (Blackwell) 285 S.

KREMER, B. P. (1992): Waldblumen. – München (Gräfe und Unzer) 160 S.

LERCH, G. (1991): Pflanzenökologie. – Berlin (Akademie-Verlag) 535 S.

MARZELL, H. (1943): Wörterbuch der deutschen Pflanzennamen. 5 Bände. —Reprint Köln (Parkland).

MÜLLER, G. K. & MÜLLER, C. (2003): Geheimnisse der Pflanzenwelt. – Waltrop (Manuscriptum) 330 S.

MÜLLER, W. (2005): Dahlia, Fuchsia, Gerbera – ein unterhaltsames Handbuch über Pflanzengattungen und ihre Namenspatrone. – Waltrop (Manuscriptum) 317 S.

MÜLLER-HOHENSTEIN, K. (1981): Die Landschaftsgürtel der Erde. 2. Aufl. – Stuttgart (Teubner) 204 S.

RAUNKIAER, C. (1904): Om biologiske Typer, med Hensyn til Planternas Tilpasning til at overleve ugunstige Aarstider. - Bot. Tidskr. 26

SAUERHOFF, F. (2003): Etymologisches Wörterbuch der Pflanzennamen – Die Herkunft der wissenschaftlichen, deutschen, englischen und französischen Namen. – Stuttgart (Wissenschaftliche Verlagsgesellschaft) 779 S.

SCHROEDER, F.-G. (1998): Lehrbuch der Pflanzengeographie. – Wiesbaden (Quelle & Meyer) 459 S.

SEBALD, O.; Seybold, S. & Philippi, G. (1999): Die Farn- und Blütenpflanzen Baden-Württembergs. 7 Bände. – Stuttgart (Ulmer).

SITTE, P. [Hrsg.] (2002): Lehrbuch der Botanik für Hochschulen. 35. Aufl. Heidelberg (Spektrum) 1120 S.

TROLL, W. (1935): Vergleichende Morphologie der höheren Pflanzen. Erster Band: Vegetationsorgane Teil 1. – Berlin (Bornträger) 955 S. – Reprint 1967. Königstein (Koeltz).

TROLL, W. (1954): Praktische Einführung in die Pflanzenmorphologie. Erster Teil: Der vegetative Aufbau. – Jena (Fischer) 258 S. – Reprint 1984. Königstein (Koeltz).

TROLL, W. (1957): Praktische Einführung in die Pflanzenmorphologie. Zweiter Teil: Die blühende Pflanze. – Jena (Fischer) 420 S. – Reprint 1975. Königstein (Koeltz).

TÜXEN, R. (1986): Unser Buchenwald im Jahreslauf. – Beihefte zu den Veröffentlichungen für Naturschutz und Landschaftspflege in Baden-Württemberg Heft 47 (Karlsruhe) 125 S.

WALTER, H. & BRECKLE, S. W. (1994): Ökologie der Erde Band 3: Spezielle Ökologie der gemäßigten und arktischen Zonen Euro-Nordasiens. 2. Aufl. – Heidelberg (Spektrum) 726 S.

WALTER, H. & BRECKLE, S. W. (1999): Vegetation und Klimazonen. 7. Aufl. – Stuttgart (Ulmer) 544 S.

WEBER, H. CH. (1978): Schmarotzer – Pflanzen die von anderen leben. – Stuttgart (Belser) 210 S.

ZANDER, R. (1953): Schmarotzende Pflanzen [= Die Neue Brehm-Bücherei Bd. 59]. – Hohenwarsleben (Westarp Wissenschaften) 34 S. – Reprint.